■ 断舍离的机制

三分钟搞懂"断舍离"！
断舍离曼陀罗

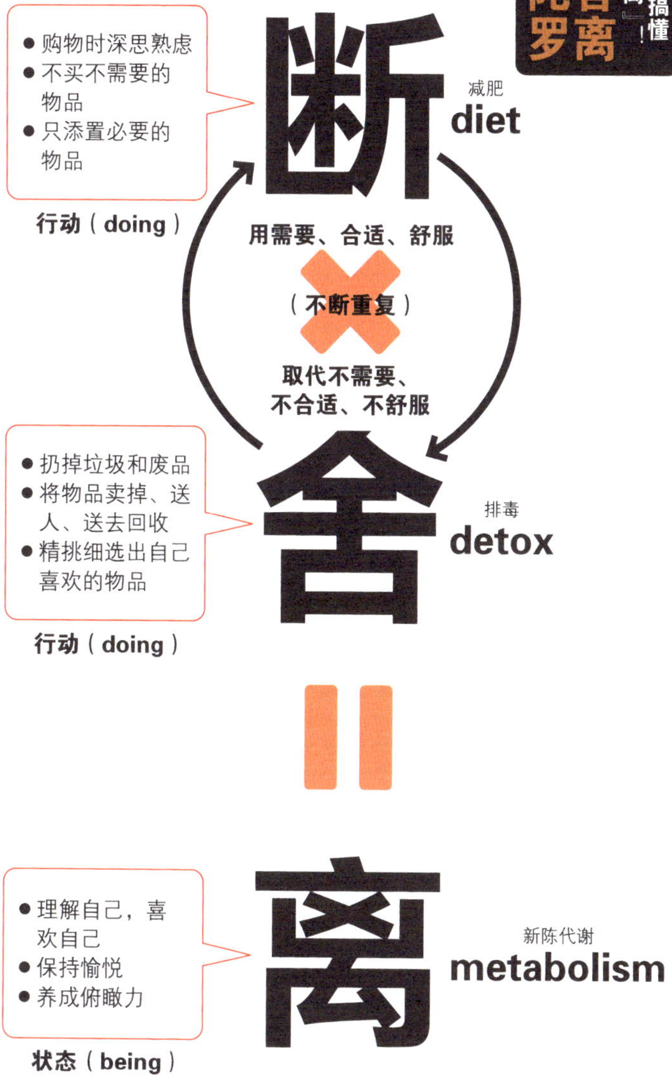

- 购物时深思熟虑
- 不买不需要的物品
- 只添置必要的物品

行动（doing）

断 减肥 diet

用需要、合适、舒服

（不断重复）

取代不需要、不合适、不舒服

- 扔掉垃圾和废品
- 将物品卖掉、送人、送去回收
- 精挑细选出自己喜欢的物品

行动（doing）

舍 排毒 detox

＝

- 理解自己，喜欢自己
- 保持愉悦
- 养成俯瞰力

状态（being）

离 新陈代谢 metabolism

■ 践行断舍离的基本轴

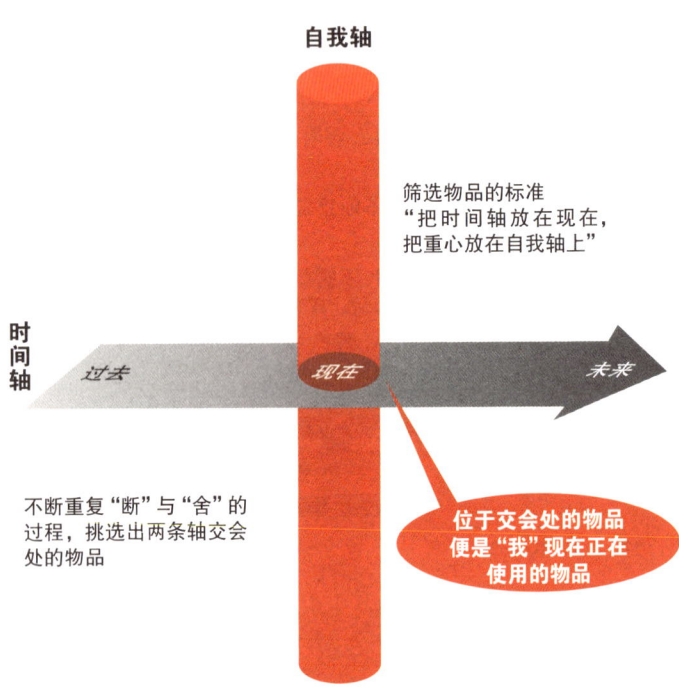

■ 断舍离中"扫除"的概念图

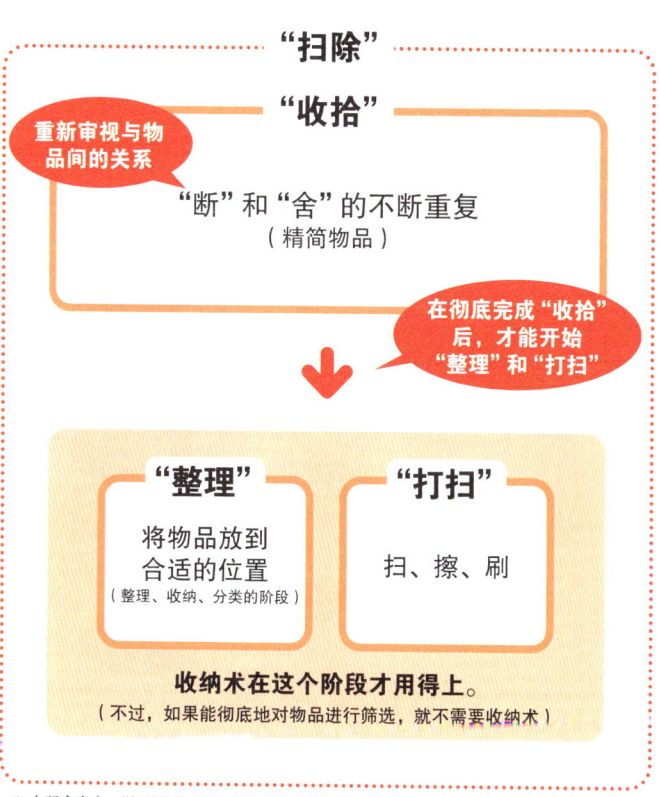

※ 在断舍离中,"扫除"是"收拾""整理""打扫"这三种行为的总称,与"打扫"的含义不同。

■ **断舍离的三个步骤**

接受现实

没办法!

身处物质泛滥的时代和社会环境之中,
收拾不好也是没办法的事情!
(不去判断和评价是好是坏)

改头换面

清爽!

不断重复"断"与"舍"
进行分类、取舍和选择
发挥创意、随机应变
自我管理

理解!　　聪慧!　　坚定!

探索发现

充满期待!

发现了一直拥有却被自己忽视的重要的东西
不再稀里糊涂地接受事物
空间井井有条,心情平静舒畅

最终迎来与"场"相称的物、事、人

■ "无法舍弃物品"的三类人

逃避现实型

> 好烦人啊

这类人事务繁忙,没时间待在家里,所以一直逃避收拾。实际上,在很多情况下,他们是因为对家庭有所不满,不想待在家里,才让自己那么忙碌。而且,家里越是乱七八糟,他们就越不想待在家里,往往会陷入恶性循环。

执着过去型

> 多浪费啊

这类人会将过去的东西留存起来,尽管现在已经用不着了。他们会把相册和奖杯一类的东西像宝贝一样珍藏起来。这些物品背后,往往都隐藏着他们对那些曾经的幸福时光的怀念。在不想面对现实这一点上,与"逃避现实型"也有相通之处。

担忧未来型

> 万一……怎么办啊

这类人会出于对未来的不安,为不知道何时会发生的事情进行投资。他们的特征表现为过量存储纸巾等日用品,并且总想着"没这个就糟了,没那个就不踏实"。三类人当中,这类人是最多的。

■ **有助于实践的三条法则**

"量化"法则

为了避免物品过量增加，对物品进行总量限制。**"七五一法则"**，是限制空间中物品数量的标准。看不见的收纳（壁橱、橱柜等处），物品数量占空间的七成。看得见的收纳（带有玻璃门的橱柜等处），物品数量占空间的五成。展示型收纳（柜面等处），物品数量占空间的一成。另外，添置物品时，要遵循**"一出一进法则"**，每次都用新的物品取代旧的物品。

"分类"法则

基本的分类有三种，"大分类、中分类、小分类"。先将待分类的物品分为三大类（以衣物为例：上衣、下装、内衣）。然后对每大类进行"中分类"（上衣→外套、夹克、衬衫），就像"套娃"一样，把每类再分别分为三类，依此类推（**大、中、小的"三分类法则"**）。分成两类太过笼统，分成四类容易混乱，分成三类是最一目了然的。

"收纳"法则

想方设法避免在收纳物品时感到有压力。遵循**"自立、自由、自在法则"**，把物品立起来（自立）；把物品并排摆放，便于挑选（自由）；把物品团起来（自在），"收放"自如。另外，也要注意做到"易取"。比如取东西时，只需打开柜门、取出物品两个步骤。如果盒子里还有分成小袋的独立包装，就把盒子扔掉，减少取用时不必要的动作（**"一步取用法则"**）。

俯瞰力，听上去特别难理解。字面意思是低头向下看，仅此而已。然而断舍离会赋予"低头向下看"动机与意志，并称之为"俯瞰力"。

具体是怎么一回事呢？当你登上高山之巅，是否会有一览众山小的感觉呢？又或者，大家有没有听说过"鸟瞰图"这个词呢？站在鸟的高度，以鸟的视角环视时所描绘出的类似地图的东西，就是"鸟瞰图"。

站在高处，环视全局，整体把握全局，来判断落脚点在哪里，或者判断应该从哪里着手才能找到落脚点，这便是俯瞰，或者说俯瞰力。

想要理解它，去登登山就明白了。我们从山脚下渐渐向上攀登，越到高处，视野越开阔。视野越开阔，就越能看到不同的风景。同时，看待事物的方式也会变得不同。所以，先站在高处俯瞰一下全局吧！

这样一来，当我们处于起点，想知道应该往哪边走时，从高处俯瞰一下全局，就能找到前进的方向。又或者已经出发，却中途受挫的时候，暂时停下来从高处俯瞰一下全局，就能充分认识到自己受挫的原因，就能明白，"啊，我只要往左躲一下就可以了啊""我只要向右避一下就可以了啊"。

但是，单纯俯瞰也没有意义。虽说俯瞰对制定战略来讲意义重大，但**制定好战略后，还是要回到山脚，脚踏实地，从眼前的事做起。这才是断舍离的思维方式**。若想更有计划性，更富战略性，更为强悍地度过人生，俯瞰力必不可少。

断舍离并不是在整理物品，而是在打造空间，旨在**让大家具备整体把握空间的能力**。这正是俯瞰力，正是我们原本就具备的俯瞰力。

培养俯瞰力，能够帮助我们塑造一个能自如地切换不同视角看待问题的自己。能从各种不同的视角看待事物，对自己而言，**意味着人生的自由度也会不断提高**。

——山下英子

俯瞰力

新・生き方術 続・断捨離 俯瞰力
やましたひでこ

[日] 山下英子 著

张璐 译

湖南文艺出版社
博集天卷

"SHIN-IKIKATAJUTSU FUKANRYOKU ZOKU-DANSHARI" by Hideko Yamashita
Copyright © 2011 Hideko Yamashita
All rights reserved.
Original Japanese edition published by Magazine House Ltd.,Tokyo
Simplified Chinese translation rights arranged with Hideko Yamashita
through Hana Alliance Consulting Co. Ltd., China.

断舍离®、俯瞰力®系山下英子注册持有，经商标独占许可使用人苏州华联盟企业管理咨询有限公司授权许可使用。

© 中南博集天卷文化传媒有限公司。本书版权受法律保护。未经权利人许可，任何人不得以任何方式使用本书包括正文、插图、封面、版式等任何部分内容，违者将受到法律制裁。

著作权合同登记号：图字 18-2023-263

图书在版编目（CIP）数据

俯瞰力 /（日）山下英子著；张璐译. -- 长沙：湖南文艺出版社，2024.1
ISBN 978-7-5726-1517-7

Ⅰ. ①俯… Ⅱ. ①山… ②张… Ⅲ. ①人生哲学－通俗读物 Ⅳ. ① B821-49

中国国家版本馆 CIP 数据核字（2023）第 226518 号

上架建议：心理励志

FUKANLI
俯瞰力

著　　者：	[日]山下英子
译　　者：	张璐
出 版 人：	陈新文
责任编辑：	张子霏
监　　制：	邢越超
策划编辑：	李齐章
特约编辑：	彭诗雨　　　　版权支持：辛　艳　金　哲
营销支持：	李美怡　　　　版式设计：潘雪琴
封面设计：	主语设计　　　内文排版：百朗文化
出　　版：	湖南文艺出版社
	（长沙市雨花区东二环一段 508 号　邮编：410014）
网　　址：	www.hnwy.net
印　　刷：	长沙鸿发印务实业有限公司
经　　销：	新华书店
开　　本：	775 mm×1120 mm　1/32
字　　数：	85 千字
印　　张：	6.25
插　　页：	4
版　　次：	2024 年 1 月第 1 版
印　　次：	2024 年 1 月第 1 次印刷
书　　号：	ISBN 978-7-5726-1517-7
定　　价：	45.00 元

若有质量问题，请致电质量监督电话：010-59096394
团购电话：010-59320018

推荐序

与"俯瞰力"的三次不谋而合

——吴声

场景实验室创始人、场景方法论提出者

受山下英子老师之邀,拜读她的《俯瞰力》,阅读时屡有观念不谋而合、殊途同归之感。作为商业观察者,我始终认为,商业是从另一个角度审视生活。"俯瞰"则是跳脱出局限的视角,不拘泥于事物本身,去感受当下的关系,所谓"万物静观皆自得,四时佳兴与人同"。

第一个不谋而合的观念,是山下老师在序言中说的:"支撑我们在这样的时代中生存下去的力量就不在外界,

而在我们心里。"这与我们的商业研究中所说的"悦己"异曲同工。

审视消费需求的变化时,我们提出当代的生活方式主题进入"内观周期":遵从内心、悦纳自己,不被外界外物所左右。在商业世界中,表现为注意力从外我到内我的变化。当我们不断向内审视,凝视内在的自己,能看清并接受内在的自己时,"悦己"就会跳脱出词汇和描述的限制,成为持续生长的价值观和生活方式。了解自己的真实需要,而非他人或大众媒介告诉你需要什么。剧变的外部世界、不确定性的常态化,使得人们开始迫切向内寻找属于自己的确定性。"认识自我、从内心的安宁中获得力量"是当下最重要的能力。

第二个不谋而合的观念,是第一章中所说的:从"此

时、此处、自己"的维度，认清自己目前所处的位置。在今年的新物种爆炸大会上，我将我演讲中的趋势预测部分命名为"具体生活，大于想象"。在这样一个技术周期性重塑生活的时间窗口，谈论未来已经谈得太疲惫，反而应该回到生活的原点，用具体和日常还原出生活本来应有的面貌。对感受诚实，对生活诚实。

中国读者熟悉山下英子老师，应该都是从她的《断舍离》开始。断舍离首先是哲学，但本质不是断，而是要，要舍妄念，存自我——舍去外物，才能获得真正的自由。物品不应作为符号化的社交"证据"，而应为并只为"此时此处的我"而存在。

第三个不谋而合的观念，是山下老师在最后一章中提到的：一切"生命"都会受到场力的影响。场景是"有时间的空间"，空间之美，来自流动，场景有更新才有意义。

空间成为不断被刷新的容器，构建持续变化的新场域，其中的内容和参与者同等重要。

想追求所处场域的从容之美，避免审美被外界绑架，就需要身处其中的人有意识地激发"场力"。因此山下老师认为，断舍离不是简单的整理术或家务劳动中的收纳抑或吸收信息时的舍得，而是全新的可持续生活方式，甚至是简洁优雅的新个人主义。

俯瞰力是实践断舍离的能力，是把零散的信息贯穿起来的整合能力，也是全面、深远、客观的长期思维；是自我认知的上帝视角，也是待人处事的底层逻辑。物质与可使用的智能手段越丰富，越要审慎选择，越需要以更专业的态度整理复杂的日常。商业使一切"所见"更易得、更可感知。数字化的人和数字生活方式真正意味着的，不仅是"物质与精神的统一"，更是个体的身心自由，印证了

"人"才是最大的场景。阅读此书，如能获得超越"术"层面的生活智慧，便能回归自然与真实，获得内心的从容与安宁。

推荐山下英子老师的《俯瞰力》，是为序。

2023 年 11 月 2 日

再版序

——山下英子

生活之"生",

就是行动起来,给生命赋予活力。

人生之"生",

就是作为一个有生命的人行走于世。

为了更好地创造出属于自己的生活,

走出属于自己的人生,

俯瞰的视角,

俯瞰的思维,

俯瞰的行动，

都不可或缺。

俯瞰力！

衷心希望这本书的内容，

能够帮助你拥有从容的生活，丰盈的人生，璀璨的生命。

致以我最诚挚的谢意！

2023 年 11 月 30 日

序　言

这个时代为什么需要"俯瞰力"？

我想先跟大家说一件事情。

本书创作期间，2011年3月11日，东日本大地震发生了。那是一场前所未有的灾难。

地震，海啸。大自然来势汹汹，剥夺了数万人的宝贵生命。人们的日常生活，被不可抵挡的力量破坏殆尽。

断舍离这项工作，就是通过收拾居住空间内的物品，整顿自己的日常生活。几十万人的生活瞬间被地震摧毁，分崩离析，而幸免于难的日本国民，只能通过媒体的报道，茫然无措地看着灾后的光景。这一切的一切，都在提醒我们要进行断舍离。

另外，地震和海啸还引发了福岛核电站的核泄漏事故。直到现在，仍有人在过着艰辛的避难生活。核污染威胁着人们的健康，损害了当地的声誉，导致了计划性停电，造成了种种混乱。

这场历史性的灾难，让整个日本持续被笼罩在茫然不安的阴霾里。

从3月11日开始，日本被迫站到了巨大的分岔路口。

***

俯瞰力，是一种可以通过断舍离获取的力量。

作为一个日本人，看着眼前的震灾，我再次感受到了本书的主题——"俯瞰力"的必要性。

首先，断舍离是一种训练，将家里"不需要、不合适、不舒服"的物品清除出去，用"需要、合适、舒服"的物品取而代之。在这个过程中，我们自然而然会喜欢上真实的自我，进而"发掘"出"原本的自我"。一言以蔽之，就是重新找回**"自我肯定感"**。我上一本书的主题是"断舍离"，意思是通过"收拾"，重新审视自己与物品之间的关系，喜欢上自己，进而发现快乐生活的重要性。

这本书的主题，则是**断舍离能够带给我们的"力量"**——"俯瞰力"。

上一本书《断舍离》发行以后，我从断舍离的践行者们那里收到了许多这样的反馈：

- 我不仅弄清楚了某些物品我是否需要，还明白了某些关系是否合适、是否舒服。
- 待在房间里的时间变得充实起来，我喜欢上了自己的家。
- 断舍离也适用于处理工作和人际关系，帮我省去了很多"无用功"。
- 我活得轻松了。

● 我的人生出现了意想不到的、巨大而美好的变化。（结婚、跳槽、重归于好、为了前进的离别……）

我们在日复一日的生活中，从早到晚都在添置物品。我们与眼前的物品缠斗不休，精疲力竭。我们把物品奉为"座上宾"，自己无处容身却毫无察觉……

斩"断"蜂拥而至的不需之物，"舍"弃与废品无异的无用之物，就可以脱"离"物品的束缚。经过反复的"断"与"舍"的行动（doing），达到"离"的状态（being）。到那时，身体和精神都会发生巨大的变化，而"俯瞰力"属于"视角"的变化。这种力量，能让你不再仅仅将视线聚焦于眼前的物品，而是**以"自我"为轴，准确把握空间（全局），进而拥有深刻的洞察、高远的视角、广阔的视野**。最终，"自我轴"会得到强化，你将不再纠结运气好坏，脚踏实地地生活。虽说只要践行断舍离，自然而然便会有这种切实的体会，但本书仍会详细说明俯瞰力的机制、养成俯瞰力的方法，以及俯瞰力的作用，帮助大家有意识地培养俯瞰力。

***

在收拾"看得见的世界"的同时，让"看不见的世界"也随之得到收拾，才是断舍离的精髓所在，即"看不见的世界中的断舍离"。这也是贯穿全书的主题。

首先，通过各种各样的实例，看清人际关系这一"**无形世界**"中的断舍离（**第一章——"人际"篇**）。然后，穿越俯瞰力这一"**更加深奥的无形世界**"，不再纠结运气好坏，找到自在的生活方式（**第二章——"俯瞰"篇**）。最后，重新整顿"场"这一"**看得见的世界**"，探索断舍离的生命机制（**第三章——"生命"篇**）。

此外，作为上一本书的延伸，如何才能重新把握自己和物品间的关系，如何才能养成提升干劲的思维方式，种种提示和妙招，在本书中也随处可见。

※※※

在断舍离中，"有它更方便""没它就不安"的物品，代表着"不安"与"执念"。

媒体报道中，到处都充斥着煽动不安情绪的信息，而且这种情况也不是一天两天了。电视上，嘉宾和专家也摆出一副煞有介事的表情，不断传播着"站不住脚"的信息。事实上，不仅是面对流言与传闻，即使接收到的是正式渠道发布的消息，自己的信念若不够坚定，我们的不安也会愈发强烈。

震灾的伤痕，经济的混乱，与看不见摸不着的放射性物质之间的斗争。未来数年，我们也许不得不在这样的现实中生存下去。

既然如此，**支撑我们在这样的时代中生存下去的力量就不在外界，而在我们心里**。

因此，断舍离所采取的方式，自始至终，都是从物品入手。通过练习收拾，激发出"场"的力量，点亮自己的生命。从中获取俯瞰力的智慧,会促使我们按照自己的意志,自在而果敢地度过人生。

你也行动起来吧!正因为身处这样的时代,我们才要一起实践断舍离!

编辑部注:本文根据2011年3月11日后作者发布的博客修订而成(2011年4月)。

目录

第一章
透过有形之物看"无形世界"

第一节 "收拾"可以锻炼生活能力 002

1 "不会收拾的女人"和"不收拾的男人",男人和女人的收拾观 003
2 身体、情感、思考,换个视角看"家务" 010
3 从"此时、此处、自己"的维度,认清自己目前所处的位置 013

第二节 重新审视"浪费" 021

1 "扔不掉"其实是个挺奇妙的词 022
2 一旦把焦点放在物品上,舍弃就失去了正当性 028
3 "舍"与"弃"有何区别? 032

1

第三节 深刻的洞察：物品映射出的人际关系和自我	037
1 断舍离掉父母灌输给你的观念	038
2 不知为何，我们总把自己投射到物品上	041
3 "困惑、迷茫、烦恼"带来了重新审视彼此间关系的机会	044
掌握诀窍，干劲满满！ 断舍离格言1	050

第二章
超越幸与不幸的"更加深奥的无形世界"

第一节 我们现在需要的，是按照自己的意志去生活的态度	052
1 什么是真正的积极乐观？	053

2　不要放弃自己去"分析、思考、感受"　　　　　　　058
3　看清"事物原本的样子",按自己的意志生活　　　062

第二节　不再纠结自己"走不走运"　　　　　　　　067

1　"开运"的一些似是而非　　　　　　　　　　　　068
2　比起"招来的缘分",更要感谢"降临的缘分"　　　073
3　与其怀有"愿望和期待",不如拥有"信念与梦想"　077

第三节　高远的视角:对物、事、人全部适用的自在之力——俯瞰力　　　　　　　　　　　　　　　082

1　俯瞰力,就是按照自己的意志,自在而果敢地生活的力量　　　　　　　　　　　　　　　　　　　　083
2　断舍离带来的境界提升——拥有俯瞰力的生活状态　089
3　"三分类法则"的智慧能更好地锻炼俯瞰力　　　　099
　掌握诀窍,干劲满满! 断舍离格言2　　　　　　　115

第三章
重新整顿"看得见的世界"

第一节 "场力"才是生命的支柱　　　　　　　　　118

1　以"意识"为轴，运用"三分类法则"，激发出"场力"　　119
2　"场力"是由"宽绰有余"的宇宙激发出来的　　124
3　"场力"支撑着人类的三种生命　　130

第二节 将目光转向"做减法"，让生命焕发光彩　　137

1　从瑜伽中学到的真理——"禁制"与"劝制"　　138
2　现代人更需要减法思维　　142
3　"和"的精髓在于"不足"的智慧　　147

第三节 广阔的视野：从生命的视角，解析社会与
　　　　环境 151

1 断舍离是一种生命机制 152
2 物品要待在自己应该待的地方，才能散发出美丽 157
3 对我们觉得理所当然存在的事物心存感激 164

后记 169

第一章

透过有形之物看"无形世界"

"人际"篇

第一节 "收拾"可以锻炼生活能力

虽说断舍离往往被认为是"收拾术",但也有不少朋友反馈说"断舍离不仅仅是收拾"。想必是因为在践行断舍离的过程中,他们切实地体会到,断舍离同样适用于内心世界和人际关系。下面我们就来重新梳理一下,断舍离所认为的"收拾"究竟是什么。

1 "不会收拾的女人"和"不收拾的男人",男人和女人的收拾观

正在阅读本书的女性朋友们,是不是觉得自己**"不会收拾,是个很没用的女人"**?

之所以会产生这种想法,也许是因为市面上流行的一些书,将收拾归为了一种"能力"。比如萨里·索登(Sari Solden)所著的《不会收拾的女人们》[1],便是其中的代表之一。

这类说法或许能提醒我们关注到这个问题,但若因此导致越来越多的女性认为自己不会收拾是一种能力低下,甚至有缺陷的表现,觉得"我不擅长收拾,是个无能的女

---

[1] 英文原名为 Women with Attention Deficit Disorder(《有注意障碍的女性》),文中为日文版译名。

人"，或者是"完了，我一定是有 ADD（注意障碍）"，那就太遗憾了（虽然一些人可能确实需要求助医生或者专业人员）。因为无论如何，这都是在自责。

可是男人们呢？我们似乎很少听到"不会收拾的男人"这种说法，反而常常听到这种形容——"**不收拾**的男人"。二者之间有什么区别呢？简言之就是，女性将收拾不好看作能力不足，为不会收拾而自责。男性则将收拾不好看作一种状况，为杂乱无章而发愁。

标题只不过是个引子。这种说法的背后，恐怕还隐藏着一种根深蒂固的观念——**收拾说到底不过就是家务活，就应该女性来做**。既然是家务活，会做是理所应当的。女性长期被这种观念束缚，所以才会自责，才会引发一连串的恶性循环。

男性之所以将收拾不好看作一种"状况"，某种意义上也是基于对上述观念的认同。在他们的认知里，收拾原本就是女人分内的事。因此，他们绝不会去责备自己。

如果有些女性朋友正在为"自己不懂收拾，是个很无能的女人"而自责，那么你首先要做的，就是了解男性和女性对于这个问题在认知上的区别。如果你在潜意识里坚定地认为"我没能做好自己理所当然应该做好的事"，那就不妨化身为男性，把"眼前的杂乱无章"看作一种状况。稍微用俯瞰的视角看看自己"为何会把收拾当作一种能力"，就不会陷入情绪化了。

总而言之，重要的是**不要一上来就自责，让自己变得"伤痕累累"**。要把"收拾是一种能力"的观念，干脆利落地断舍离掉。

男性是一种追求认可的生物

断舍离所说的"收拾"，与整理和打扫是有所区别的，其定义中清清楚楚地提到了"精简物品"（参见断舍离曼陀罗）。总而言之，"精简物品"，也就是"舍弃"，才是最关键、最重要的行动。不精简物品，整理和打扫都无济于事。

不过，这也并不是说东西越少越好。为了打造清爽利落的空间，我虽然提出了"衡量标准"，比如"七五一法则"等"量化"法则（均参见断舍离曼陀罗），**但最重要的还是将物品数量精简到让居住空间内的自己觉得舒服的程度**。重新审视自己与居住空间中的物品之间的关系，找回花在多余物品上的时间、空间和精力。

如果我们在生活中对物品数量毫无概念、毫不在乎，那么居住空间内的物品就会无序增加。至于物品是如何越变越多的，在男性和女性身上也有不同的体现。在男性当中，大部分人属于断舍离所说的"无法舍弃物品"的三类人（参见断舍离曼陀罗）中的"执着过去型"。简单地说就是有收藏家特质。收在衣柜里的从入职到退休的所有领带,各种原因收集来的文学丛书,儿时喜爱的动漫的周边产品……诸如此类的物品,通通都留着,全然不顾如今的自己与它们还有没有关系。类似情况比比皆是。

在这里,我想请大家搞清楚,这样做究竟是出于**"对物品的喜爱"**,还是出于**"对收集物品这种行为的喜爱"**?答案如果是前者,那么即使东西再多,自身与物品之间的关系也是良性的。答案如果是后者,那么收集这些物品不过是为了提升自己的存在感而已。男人动不动就用物品来证明自身存在的意义,仿佛在宣扬"我曾经做过这么多事情""我能搞到这个东西,多厉害"。

曾经有位女士对我说:"丈夫退休后,我打算把他的西装处理掉,丈夫却大发雷霆地吼道:'你是不是打算连我也一起扔了?'"对男人来说,物品是与他们难分彼此的存在。任何人都希望能够得到社会的认可,都有"得到认可的需求"。特别是男性，他们往往会将社会对他们的评价与自我认同联系到一起，而物品，则是自己受到认可的"证据"。

在这种情况下，妻子该怎么做呢？断舍离的一个大前提，就是不擅自处置家人的物品。因此，当你希望丈夫尽快把自己的东西收拾好时，不妨试着这样对他说：**"要精挑细选才能配得上你的绝佳品位啊！"**

绝不能说"快扔掉！"之类的话。这样说会让男性的自尊心深受伤害，反而适得其反。虽然有些妻子会说"这么肉麻的话，我哪里说得出口？多丢人啊！"，但是巧妙地把自己的意愿表达出来，才能显示出妻子的本领。因为不管怎么说，对世上的男人来说，来自妻子的肯定，是最让人开心的。

男性与女性。通过物品呈现出的性别差异。
看清二者之间的差异，
就会将毫无益处的"责备"与"伤害"降到最低。

2 身体、情感、思考，换个视角看"家务"

洗衣、做饭、打扫、收拾……这些事情往往会被一股脑儿地归为"家务"，我却认为，它们是分别建立在"身体、情感、思考"三种不同的基础上的。

洗衣，以及诸如"扫、擦、刷"的打扫一类的工作，某种程度上，只要付出体力劳动，就能顺利完成。

做饭时则要考虑到对方的喜好，这就涉及了情感，有一种款待意识。

收拾时，重要的则是思考。**因为在收拾的过程中，不动脑是无法对物品做出取舍和选择的。**

"思考优先"类家务活的特征是无法代劳。这是理所当然的。因为除了自己，没人了解物品的来龙去脉。

以前，有位从事保洁工作的朋友来参加断舍离研讨会，那位朋友来参加研讨会的动机是"感到自己的工作特别没有意义"。因为无论再怎么帮别人"扫、擦、刷"，没有委托人的许可，他们就无法扔掉"堆积如山的垃圾和破烂儿"。

这里的问题不在于保洁员和委托人的价值观不一致，而在于做家务的顺序。在做"扫、擦、刷"这类体力活之前，如果不先完成"收拾"这项需要动脑思考、只有本人能做的家务，就只能是徒劳。把相当于垃圾和破烂儿的物品一个个擦干净再放回原处，的确是很没意义的事情。

我之前也提到过，人们往往认为收拾"不过就是家务活，理所当然就该会做"。如果有人认为这项工作不如社会性的工作重要，只要花点钱就能搞定的话，那就大错特错了。这项工作与其他工作一样，也需要出色的信息整理能力。**收拾需要不断做出选择与决断，是一项直接关系到**

生活能力的工作。

在外聪明能干，家里凌乱不堪，这种女性是典型的"逃避现实型"的人。对家务和收拾的认识过于简单，恐怕也是导致这种状况的原因之一。

从现在开始，我们要充分认识到：**做家务是在整顿自己的日常生活，我们应该把这项工作与社会性工作同等对待。**

> 做家务，
> 其实是一项对各方面能力都有很高要求的工作。
> 尤其是收拾，需要不断做出"选择与决断"，
> 与生活能力直接相关。

3 从"此时、此处、自己"的维度,认清自己目前所处的位置

我在研讨会上,经常举这样的例子:

"大家在没有经过任何训练的情况下,能举起三百公斤重的杠铃吗?或者说,没有夏尔巴人(攀登喜马拉雅山时,负责向导和搬运行李的民族)的帮助,能独自一人在没有氧气补给的状态下,登上海拔八千多米的高峰吗?"

听上去或许有些风马牛不相及,但收拾其实也是同样的道理。因为几乎每个家庭里,都堆积着以吨为单位的无用物品。仅靠一个人,在没有经过任何训练的情况下去调控这些物品,是不可能的。

出现这种情况，原因并不全在自己。我们把视野放宽，审视一下目前的状况，就会发现，如今的社会，物品总是不请自来、蜂拥而至，商家也深谙营销之道。我们陷入了重重包围，在这样的环境中生活着。

断舍离想告诉你："首先要做的，是给自己**免罪**，然后**翻案**。"也就是说，**收拾不好才是理所当然的**。先从认识到这一点开始做起。

诀窍是不要仰望山顶

在断舍离研讨会上，我们经常会发一些答题卡请大家填写，其中，一张名为"此时、此处、自己"的答题卡（参见第 20 页）广受好评。乍看之下平平无奇，但它可以帮助大家用俯瞰的视角，看清自己所处的位置。

"辨别""分类""选择""精选"，分别代表了自己居住空间中的物品精挑细选的程度。首先，从左下方的黑点开始，到右上方的黑点为止，在两点之间"自由连线"。可以是锯齿状的，也可以是圆滑的曲线，线的走势也完全没有限制。然后，做出自我诊断，在线上标记出你认为"自己的住处目前的状态"所处的位置。

看看吧，自己目前处在哪个位置呢？

这里我想请大家注意的是"不要仰望山顶"。

越是不擅长收拾的人，越会一上来就想到高难度的工作。比如"我想处理掉堆积如山的照片""我不知道该如何处理信件"等。一想到这些问题，就会为自己的无能感到自责。这些处理起来难度较高的物品，在图中也对应曲线上较高的位置。在处理这些物品之前，想必还有许多"不需要、不合适、不舒服"的物品应该先被清理掉。

在考试时有一条雷打不动的原则，那就是：先从会做的题开始做起。我们在考试时明明做得很好，怎么一到收拾的时候，就要先对付难以处理的物品了呢？原因之一就是收拾与工作和学习不同，它不涉及外部评价。

"分类"与"选择"之间有一条分界线，两侧分别可以看成"下沉和上升"。相当多的人被物品的"海洋"淹没，而且还不会"游泳"。他们在攀登山峰之前，还有很远的路要走。

可以说，断舍离就是让你"学会游泳"的工具。或者可以说，对准备登山的人来说，断舍离就是像夏尔巴人一样的存在。再往前追溯一些，断舍离就像是一张地图，可以告诉你，现在是沉于海中，还是在向上攀登。

先找准自己的位置。知道自己身处何处后，再淡定、沉着、愉快地向前走，不知不觉间，山顶自然而然就会跃入眼帘。

然而，终点又是若有若无的。因为收拾是一项日复一日把住处打理得井井有条的工作。就拿肌肉来说，一旦疏于锻炼，肌肉力量就会变弱。**收拾也是如此，需要的不是能力，而是练习**。一点一点地锻炼，让自己精力充沛，才是翻越高山最强大、最有效的方式。

目标式思维的陷阱

我们为何一上来就看向山顶呢？原因似乎在于我们在自己生活的时代中所受的教育，以及所处的社会环境。

无论在学习时还是在工作时，人们都以拥有目标为荣。一直以来，拥有目标都被当成一种美德。但我希望大家记住，**这也恰恰是人们觉得"离目标还有差距，我真没用"，从而感到自责的原因**。断舍离采用的则是加分法，能让人觉得"我比以前有进步""与之前相比，没用的东西又少了一件"。就算设立了目标，达成目标时的自己和

"当下"的自己也已有所不同了，所以**那里也并不是尽头，而是仍会向前发展。**

因为"离目标还差得很远"而自责的人，以及过分执着于最优选而"无法做出选择与决断"的人，往往容易用减分法看问题，放大自己的不安。

万事都没有完美的标准答案。选择向右走就不能去左边，才是世间常态。面对"搞砸了！"的状况时，人们的反应分为两种，一种是"只顾着后悔"，另一种则是"忙着前进"。

只顾着不安与后悔，我们或许可以将这种反应叫作**"思维方式引发的生活习惯病"**。一味地不安与后悔，其实是会催生出相当大的压力的。

"我今天把钱包里的票据都清理掉了！""我把塞得满

满当当的笔筒收拾清爽了!"，像这样，**把焦点放在自己做到了的事情上，转换视角，用加分法看问题，我们就能活得更轻松**。

大家往往认为，想要活得聪明，就要设立目标，并不断努力，争取做到最好。可实际上，把焦点放在自己做到了的事情上的乐天派，才能拥有更强烈的人生幸福感，充实地度过每一天。

> 免罪，翻案，找准自己的位置。
> 不要总把焦点放在不安与后悔上，
> 用加分法生活。

■用"此时、此处、自己"，把握自己所处的位置

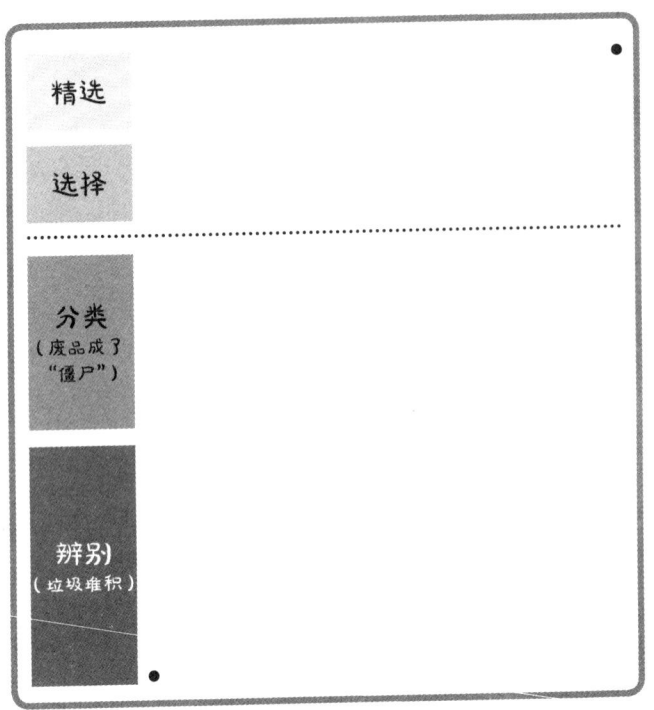

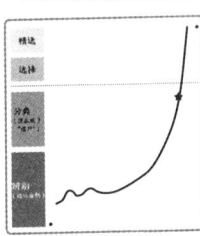

| 精选 |
| 选择 |
| 分类（废品成了"僵尸"） |
| 辨别（垃圾堆积） |

虚线是积压在住所里的垃圾和废品是否被清理干净的分界线。我们请许多来参加研讨会的学员在这张答题卡上进行"自由连线"，结果发现，不知为何，大多数人画出的曲线的走势，和他们自身收拾水平的变化是一致的。曲线的走势或许反映出了人们的潜意识。通过这张图，不仅能够看清自己目前所处的位置，还能看出自己的"登山路线"。

A君的情况： 自己现在处于"分类"阶段。在"辨别"的阶段徘徊了很长时间，在某一时刻突然加速，急速上升，距离彻底清除垃圾和废品，只剩一步之遥。

第二节　重新审视"浪费"

"浪费"分为两种,"入口"的浪费和"出口"的浪费。这个词本身是一个好词,包含了人们爱惜物品的心情,但动不动就会被当作"执念的免罪符"。因此,我们有必要重新研究一下"舍弃"与"浪费"。

1 "扔不掉"其实是个挺奇妙的词

"扔不掉"是一种十分常见的说法。可大家仔细想想，难道不觉得这种说法很奇妙吗？

首先，与"收拾不好"相同，这种说法里面包含着对能力的追问。

另外，"扔"还是"不扔"，原本是由自己自由决定的事情，但"扔不掉"这种说法好像在说受到了物品的抵抗，是物理层面上的做不到（难道是物品的错？）。再则，又没人责备你什么，既然"扔不掉"，那么"不扔"不就得了？多简单的事情。

的确，有一些物品是物理层面的"不好扔"。可是，只要不是非常难以处理的工业废弃物，应该没有什么东西是绝对"扔不掉"的。也就是说,问题出在自己身上。

归根结底,这种说法表达出了隐藏在自己内心深处的"不想扔"的心情。虽然脑子里,也就是理智上觉得"不扔不行",可内心无论如何也说服不了自己。**"扔不掉",是头脑与内心的斗争。**

内部的分裂,会导致能量的损耗越来越大。一看到或想到那些扔不掉的物品,就会感到不快。

"干脆扔完再发愁"

激进些说,我认为,扔一次试试,看看自己到底有多发愁,也不失为一种方法。断舍离往往被误解成就是一味扔东西,我也总是被问到这个问题:"您就没有扔完东西后又感到困扰的时候吗?"

面对这个问题,我的脑海中出现了两个想法。

首先,为什么要把尚未发生的事情染上"困扰"的色彩？还有，这个问题大有一副要将"困扰"二字排除在人生之外的架势，对此，我也甚是不解。

毕竟，要想更加坚强地度过人生，经历困难和痛苦，不是理所当然的吗？

另外，扔掉物品，究竟会带来多大的困扰呢？

绝大多数情况下，顶多就是当时说一句"坏了！"，要么就是觉得"要是它还在，就方便了"。

而且，我们基本上不会考虑留着"扔不掉"的东西会有哪些不便。不仅占地方，还会一见到它们就心生不快。明明这些才是"困扰"，我们却偏要紧盯着扔掉物品后才有可能生出的"不安"不放。

这时，扔还是不扔，该如何选择？这也是对生活态度的追问。

关键在于，在用俯瞰的视角审视扔与不扔可能带来的利弊时，自己会有意识地选择哪一方。

因此，将"扔不掉"这个词断舍离掉，用"扔"与"不扔"这种能够表现出自身意志的说法取而代之，也不失为一种方法。

在断舍离中，"扔了再发愁"是一种加压训练法。换句话说，适当的压力，在加强自我信任的过程中是必要的。

即使暂时感到困扰，也要相信"自己能在必要的时候，得到必要的东西"，抱着这样的基本态度乐观生活，才会让人生变得更加丰富多彩。

实际上，比起"扔掉后很困扰"的声音，我们得到的绝大多数反馈都是"还好扔掉了"。大家会渐渐发现，即使暂时会产生"搞砸了"的感觉，但舍弃所带来的益处是远大于弊端的。

第27页的表格，可以在你犹豫要不要舍弃时，帮助你整理思路，用俯瞰的视角看问题。

害怕失败，人生便会止步不前。借助物品持续不断地进行练习，可以让我们带着决心和勇气度过人生。这样一想，自然而然就会提起干劲了。

> 第一步，是意识到自己不是"扔不掉"，
> 而是"不想扔"。
> 用俯瞰的视角看问题，认识到舍弃的益处。

■"扔"与"不扔"的四个阶段

	物品	考察意见
立即扔掉		
犹豫但扔掉了		
犹豫但扔不掉		
不想扔		

在各栏中填入物品名称以及对该物品的考察意见，就会发现，"犹豫与不犹豫""扔与不扔"之间的界线十分明显。尤其是对"犹豫但扔不掉"的物品进行考察，看看都有哪些物品，为什么扔不掉，是非常有趣的。只有归在"不想扔"那一类里的物品，才是自己决心不扔的物品。

2 一旦把焦点放在物品上,舍弃就失去了正当性

对从物资匮乏的年代走过来的人来说,舍弃物品时,会觉得更加难过和可惜。因为他们有过这样的经历,东西坏了就修好接着用,对物品小心爱护,一直到物品不能用了,才不得已处理掉。然而如今时代变了,物质丰富到近乎泛滥。可即使在时代背景和社会环境与之前完全不同的平成年代[1],仍旧有很多人保有原来的价值观,陷入"扔不掉"的状态里。

"扔了真浪费",这么说也没错。只要把焦点放在物品身上,就找不到清理物品的正当性。毕竟即使坏了,也能修好继续用。**但是我们真正看重的,与其说是物品,不如**

---

1 日本的年号,从1989年1月8日起,到2019年4月30日止。

说是自己与物品之间的关系。

断舍离的目的并不在于舍弃。有一个阶段，的确要扔掉很多东西。但我认为，为了重新梳理自己与物品之间的关系，为了更加珍惜爱护物品，这个阶段是必须要经历的。

人会为对方着想，自己主动离开，可物品不会。如果一味把焦点放在不知不觉堆积如山的物品上，消耗"时间、空间、精力"，就会鸡飞蛋打。说到底，家里的主角是自己。把被已经丧失生命力的物品夺走的"时间、空间、精力"夺回来吧！

在时间的长河中考虑问题，就能明白，人也好，物也罢，从诞生到消逝，与我们都只有一时的缘分。区别就在于，这"一时"是长是短。与自己结缘的物品，离开自己后，可能会为他人所用，可能会改头换面被回收再利用，或者化为粒子等待重生……这样一想，就能意识到，我们出于执念留在身边的物品，是多么"死气沉沉"了。

如果是有用的物质，我们一定希望它能被好好地消化吸收，变成自己的一部分。错误理解"浪费"，就像在说"来来来，多吃点，但可千万别排泄啊"。将多余的物质排出体外，身体才会健康。对待物品也是一样的道理。

你有没有把"浪费"看得太重，
反而失去了更加重要的东西？
用长远的眼光来看，自然而然就能明白。

■用俯瞰的视角看物品的生命

生产

流通

持有期间

> 持有是暂时的，区别就在于，这个"暂时"是三天，三个月，还是三年。物品的生命是有限的，人的生命也是如此。从这个角度来看，可以说，所有的物品都是租赁物。

再利用或再回收

垃圾处理厂

031

3 "舍"与"弃"有何区别?

我们平时总是笼统地说"舍弃",其实这个词是分"**舍**"和"**弃**"两种含义的。

"**舍**",就像佛教用语"喜舍(主动向寺院、僧人或贫穷的人捐赠财物)"一样,含有"施舍"的意思。"施舍",指的是物品在自己这里得不到充分利用,所以才要到别处、到别人那里重获新生。

"**弃**"则是"废弃销毁"的"弃"。有点把物品"弃之不顾"的感觉。"自弃"不也有"自暴自弃"的意思嘛。

如果既不看也不用,把与废品无异的物品随随便便地放在家里,简直就等于把物品扔在家里"弃之不顾"。区别在于,是扔在垃圾场,还是扔在家里的仓库。

在筛选物品的过程中，我们有时会埋怨自己"为什么会买这个东西啊！"，甚至怒气横生。有时也会含泪痛下决心，"再也不买了"。然而，这并不是在"弃"，而是为了厘清自己与物品之间的关系，逐一重新审视物品，伴随着痛苦，伴随着自省，逐渐割"舍"。没错，**"舍"，就是在面对自己。**

当这个过程不知不觉间变得淡定、从容、愉快起来的时候，你就能对物品说一句"一直以来谢谢你了""你已经尽到了你的职责，谢谢你"，然后怀着感激的心情放手了。而且，面对街上琳琅满目的商品时，你的想法也自然而然会发生变化。比起由他人决定的**"商品价值"**，你会更加看重由自己决定的**"使用价值"**。添置物品时，你会变得慎重，不再轻而易举地收入囊中。通过"舍"，断舍离中"断"的能力也自然得到了锻炼。到那时，你一定会发现，你要扔出去的垃圾会大大减少，少到让你吃惊。

然后，就进入了断舍离的第二阶段。

等你把该扔的都扔了个遍，该用的都用了个够，自己能好好处置自己的物品了，内心才会变得从容，空间也才会变得充裕。到那时，你才终于解锁了"捐赠""再利用"的阶段。这对经历过"废品堆生活""储物间生活"的我们来说，是一种层次多少有些高的行为。以前，我们光是处理自己的事情就已经精疲力竭了。而"喜舍"精神，则是在我们把目光投向他人和社会，拥有更大的视角之后，才能付诸实践的。

"断"与"绝"也有所不同

用人际关系来比喻"断"和"绝"的区别，更容易理解。"断"开关联和拒"绝"对方，意思是不一样的。断开关联至多是双方没有关系，而拒绝对方则是在否定对方本身。希望你对待物品时，也是"断"而不"绝"。该被重新审视的，是你与物品之间的关系，物品本身并没有错。

人们常用"断不了"来形容人与人以及人与物之间的关系，就像前文提到过的"扔不掉"一样，"断不了"被形容成了一种能力。

就拿购物时被店家劝说办理积分卡来说吧，连这么一件微不足道的小事，我们也会因为觉得不好意思，而很难说出"不用了"来拒绝对方。人都是如此，温柔体贴的同时也会优柔寡断。如果说"断不了"，是因为潜意识里"希望别人觉得自己好""不想让别人觉得自己不好"，那我们还是有必要研究一下这个词的。

切断与对方的关系，并不意味着否定对方这个人。 这个道理不仅适用于办积分卡，也适用于所有的人际关系。即使不能马上切断关系，也希望你能对这段仍在持续的关系有一个清醒的、客观的认识。曾经，我就是因为没想得这么深,有过不少失败的经历。

越是恋人或家人这种亲密关系,越容易发展成"孽缘"。那时,若能以"我会选择这个人当朋友吗?"的视角来看待问题,事情就明朗了。因为友情基本上是对等的。你有没有被困在一段明明让自己感到不适,却一直纠缠不清的感情里呢?

顺便说一句,有一个格外简单的技巧,能让人察觉到一段关系中是否有让你不适的地方,那就是看到来电显示的那一瞬间的感受。是心情雀跃地接起来,还是接之前有一点犹豫?内心在一瞬间做出的反应,是不会说谎的。

"舍"与"弃","断"与"绝"。
我们要看透隐藏在汉字背后的深层意义。

第三节　深刻的洞察：物品映射出的人际关系和自我

我深深地觉得，物品就好比是一幅幅画像，可以映射出人际关系以及自我。在与物品面对面的过程中，人们所领悟到的事情各不相同。断舍离，可以说就是自己动手，完成"诊断、治疗、治愈"。在这一过程中，我们可以读取出隐藏在有形物品背后的信息。

1 断舍离掉父母灌输给你的观念

有一位三十多岁的女性,她的烦恼是无法将一套十册左右的宗教方面的书扔掉。那套书是父母给她的,她从小就一直被告知"这些书很重要,要好好保存,不要扔掉"。甚至在嫁人时,她也带着它们。结婚以后的十几年里,那套书虽然一直在她家放着,她却绝不会翻开。不知为何,她总觉得那套书带给她的只有压迫感。后来我得知,在了解到断舍离后,她毅然决然地扔掉了那套书。

她说,在与物品面对面的过程中,她发现自己一直在扮演"不辜负父母期待"的好孩子角色。当我问她"毅然决然将东西扔掉后,你收获了什么"时,她的回答是:**"书架上腾出来的空间,以及从父母的束缚中解脱出来的无比自由的感觉。"**

这样的事绝非个例。很多情况下,父母的束缚才是

"真正的重负"。

比如虽然从来不弹，却一直稳坐在家中的钢琴背后，隐藏着自己明明不想学，却仍要不情不愿练琴的童年……

断舍离为许多人提供了契机，让他们得以脱离父母预先为他们铺设好的轨道。**因为有不少人不管多大，即使到了早已离开父母的庇护，经济层面和社会层面都已经独立的年纪，甚至到了五六十岁，还是会深受父母灌输给自己的观念的影响。**

你有没有在不知不觉间被他人的观念所影响？

坚持与物品面对面，我们便能发觉，父母、配偶等亲近之人的观念会影响到自己。如果是自己本来就认同的观念，是自己"主动"接受的影响，倒也没什么问题。可若是在不知不觉中被影响，则未免有些可惜。从父母那里继承的东西，自己明明不喜欢，却仍要出于情义不情不愿地留着。如果你正面临这样的情况，那你应该做个了断了。

"感激"和"喜欢"是两码事，这话我也经常提醒自己。我常见到有些人因为无法喜欢上自己的父母而痛苦不已，原因就是人们很容易将"感激"和"喜欢"混为一谈，从而陷入自责，变得痛苦。

不仅仅是与父母之间的关系，所有的人际关系都是如此。讨厌一个人和喜欢一个人一样，都没有理由。只要承认喜欢和讨厌都是极为自然的情感，就没必要去追究它是否正确。

"讨厌就是讨厌，我也没有办法！"挺起腰杆，大方承认自己的情感，又何尝不是一种"自省"呢？

你有没有不知不觉间被他人的观念所影响？
与物品面对面，能让心灵得到解放。

2 不知为何，我们总把自己投射到物品上

有时，隐藏在我们内心深处的想法会通过物品折射出来。

一位三十多岁的离异女性，离婚后，带着女儿回到了外公和母亲居住的家里。一家四口，四世同堂，开始了全新的单身生活。也就是说，他们目前的生活状态是，她自己离了婚，母亲和外公也都没有伴侣。

那位女士开始整理以餐具为主的日用品时，找出了许多非常漂亮的名牌餐具，应该是去参加婚宴时，从主人那里收到的回礼。但我发现她并不打算拿给家人使用，反而说要拿到二手店卖掉。而且她在收拾时，总把"这套餐具很漂亮，可惜是一对的""这套餐具要是五个一套就好

了"这样的话挂在嘴边。从这些话里，可以窥见她自身的状态。

我对她说："比起餐具的美感和品质，你更关心数量啊！"

那时她才发现，她把刚刚结束婚姻生活回归单身的自己投射到了餐具上，并且一直都在自责。再加上母亲和外公也没有伴侣，因此，"一家都没伴"的想法在她的潜意识中根深蒂固，于是不知不觉间，她开始排斥"成双成对"的物品。

不知为何，人总会把自己投射到物品上。

那些让人"在意得不得了""怎么也无法扔掉"的物品，对主人来说，往往是非常棘手的存在。

当你意识到家里有这种不需要、不合适、不舒服的物品时，也会意外地察觉到自己内心真正的想法。

当你意识到那些物品的存在时，你可以把它们清理掉，或者干脆劝自己再用用它们试试，主动借助物品的力量，进行一场自我疗愈。

> 物品是自身的投影。
> 物品可以成为对自己的内心进行
> "诊断、治疗、治愈"的工具。

3 "困惑、迷茫、烦恼"带来了重新审视彼此间关系的机会

有一次,一位三十多岁的主妇问了我这样一个问题:

"我在犹豫要不要买个保险柜。我有好几个银行账户,前阵子我把它们断舍离掉了,只留了一个常用的。我在想,要不要把丈夫和我的存折、证书,以及少量的现金存放在保险柜里?保险柜有六十公斤重,大约四万日元,我思来想去,犹豫了三个礼拜,仍旧拿不定主意……"

我的原则是"犹豫要不要买,那就不买",所以如果是我的话,马上就能做出决定(笑)。**犹豫一定是有原因的**。这位女士思前想后了三周就是证据。犹豫,给了我们深入

思考的机会。

买保险柜,是想把贵重物品一股脑儿放进去,平日里时不时观赏观赏,还是担心贵重物品被盗,或者被付之一炬?

同样的行为,动机不同,结果也会截然不同。将来保险柜是会派上用场,大显身手,还是沦为一个笨重又碍事的存在,答案就在那位女士心里。

我问她究竟在犹豫什么,她是这样回答的:

"我的确有以防万一的想法,但也不仅仅是因为这一点。在断舍离的过程中,我发现一直以来我都没有好好珍惜过金钱,所以,我想给钱准备一个'特等座'。另外,我和丈夫以前都是各管各的钱,我想买保险柜,或许也是出于想了解彼此的财务状况、对财务进行统一管理的想法。明明是夫妻,在财务管理方面却像陌生人一样……"

在她的话语中，答案也渐渐浮出了水面。以防万一、特等座、夫妻各管各的钱。添置保险柜的动机不止一个，这是极其正常的，关键在于，自己把焦点放在哪里。她发觉，她和丈夫明明是夫妻，但在对彼此都很重要的财务问题上，却无法推心置腹、开诚布公地讨论，她因此而感到恐惧和不安。

"总而言之，我发现自己希望把夫妻各自管理的存折放在一起统一管理。现金是不是也该存进账户呢？万一遇见小偷或者火灾，就明日事明日愁吧。给钱准备的特等座，也不一定非要是保险柜。"

心底真正在意的，是通过财务状况体现出来的夫妻二人的相处状态。"想买保险柜"的想法，折射出了自己真实的内心世界。

与你的同住人最好的相处方式就是"不对对方抱有期待"

我们往往会觉得别人的东西碍事。关于断舍离,我收到的问题与烦恼中最多的一类,就是询问:"该如何处理同住之人的物品?"这是通过物品展开的主权和领地争夺战。我再强调一遍,随便扔掉别人的物品是不合适的。别人随便扔掉你的东西,你也同样会不开心。所以归根结底,还是要先着手处理自己的物品。

另外,不仅不能扔掉对方的东西,也**不要对对方抱有"期待",不要试图"说服"对方**。要先认同代沟的存在,认同价值观的差异,并且要试着相信一切皆有可能。因为反过来看,"期待"也好,"说服"也罢,都是在责备对方。"我真的很想让你动手收拾,你为什么不收拾?为什么为什么为什么……"这种气愤的感觉占据了内心。换句话说,是一种"希望对方这样做"的心态。

实际上,"期待"就是"责备",不过是对自身愿望的一种执念而已,到头来只会适得其反。不过别看说来简单,想把"期待"这种感情断舍离掉,却着实不易。我自己也一样,总过不了这一关,每天都和家人发生争执。

家,是一个既会发生争执又能得到慰藉的地方。夫妻之间就是这样既会相互争吵,又会彼此安慰的关系。就像是两颗满是棱角的金平糖[1]一样,在携手前进的途中碰撞摩擦,渐渐磨得圆滚滚的。我们每天都在重复地做着这样的运动。然而,如果连我们原本的模样(圆滚滚的内核)都会受到伤害,那这种关系或许就是一种不健康的关系。因为能磨掉的,只有棱角。

---

1 一种传统日式糖果。圆形糖果外有许多小触角。

物品能反映出我们与同住人的关系。
在尊重对方的同时,
解决自己的问题。

断舍离格言 1

掌握诀窍，干劲满满！

其1　"物品"变多后，一定更加"费时费力"

一时兴起便添置物品，不顾之后管理和保养它们所要花费的时间和精力，那么有限的时间和精力一定无法管理好数量众多的物品。添置物品时，想一想："我是否乐于花费时间和精力照管它们？"注意控制物品数量。

其2　不要被划算、名牌、限定款、赠品所迷惑

"划算"是个狡猾的家伙。对"名牌"也要多加防范。比起价格和附加价值，物品的"使用价值"才最重要。与物品面对面，仔细思考一下自己是不是真的喜欢它，然后再决定是否要将它收入囊中。

其3　与其"奖励"自己，不如"善待"自己

真正努力过的人，才有资格享受"奖励"。否则的话，"奖励"反而会增加人的罪恶感。先给自己创造一个美好的环境，让自己能够舒适惬意地生活，才是最重要的事情。

第二章

超越幸与不幸的"更加深奥的无形世界"

"俯瞰"篇

第一节　我们现在需要的，是按照自己的意志去生活的态度

断舍离的目标是"成为既有决心又有勇气，还能付诸行动的乐观主义者"。需要的是"自己主动承担""自己动手解决"的态度，以及付诸实践的行动力。直面不愉快与罪恶感，自己做出选择与决断。换句话说，就是通过对物品进行"取舍"和"精挑细选"，锻炼自己的"意志"。

1 什么是真正的积极乐观？

断舍离让我意识到了一件事，就是学会说"谢谢"之前，要先学会说"抱歉"。

所有谈论生活方式的书中，一定会提到"拥有一颗感恩的心"，或者"积极乐观"。而且有些书还在此基础上，教读者反复说一些"自我肯定"式的积极向上的词语对自己进行心理暗示，甚至还提供了一些方法，让大家强迫自己养成积极向上的思维习惯。的确，人类需要有感恩之心和积极向上，这本身没什么错，但总让人觉得哪里有点不对劲。

有一次，我突然想到，**特里莎修女**[1]**和甘地**[2]**会把"感**

---

1 著名的天主教慈善工作者。
2 印度著名民族运动领袖。

恩"吟诵一万遍吗？想象一下那个画面，我不禁觉得有些滑稽。越是受到万人敬仰的人，影响力越大的人，越不会搞这些小把戏。为了完成自己的使命，勇于面对所有的苦难，才是他们所选择的生活方式。

再说了，要是想怀着感恩的心勇往直前，不是应该先"承认自己的错误"，或者"学会自省"吗？

感到"不愉快"，产生"罪恶感"，其实是一种可贵的心理机制

断舍离，是一种借助物品去面对自己的行为。由于自己一次又一次失败的购物经历，物品数量在不知不觉中变得越来越多，导致眼前的空间压抑逼仄，这是非常令人痛苦的事情。然而，如果感受不到"不愉快"和"罪恶感"，也就感受不到"快乐"。我们**总是对"不快"过于避之不及，导致了感觉钝化。实际上，快乐与不快是互相依存的**

关系。

我们生活在物品与信息泛滥的时代,已经渐渐不知道快乐为何物,正因如此,不愉快与罪恶感才更显得可贵。好好感受它们,勇于接受它们,自己也会渐渐找回快乐。因此,若感受到不快,我们甚至应该为此感到高兴,因为这是走向快乐的起点。我们之所以感到力不从心,恰恰是因为只想感受快乐。

刚开始着手收拾时,看着那些之前没太留意过的、会让自己想到之前一次又一次失败的购物经历的诸多"物证",我们往往会懊恼不已。有些朋友说:"我太生自己的气了,就把东西都扔了。"也有些朋友说:"只知道买买买,也不管适不适合自己,没能好好利用买回来的物品,我感到很抱歉。"这时,大家还没能进入能够对物品说"谢谢"、感谢物品的阶段。然而,随着身边精挑细选的物品越来越多,自然而然便会涌出感激之情。实际上,人一旦能够直面物品了，也就能坦诚地面对自己的情感了。

"抱歉"与"谢谢"是有先后顺序的。我认为，这两个词不仅适用于收拾，也适用于所有的事情。**不顾先后顺序，生搬硬套的感恩与向上，类似于一种"感觉麻痹"**。其实，许多人内心深处都会觉得这样做有些奇怪。

断舍离中有两种直觉，一种是"阴性直觉"，一种是"阳性直觉"。"阴性直觉"表现为"觉得别扭"，"阳性直觉"则是"觉得豁朗"。从许多年前开始，大号瓶子就卡在水槽下的柜子里，连打开柜门都费劲。高尔夫包立在走廊里，把路挡得严严实实。类似的物品不胜枚举，时常让我们觉得"碍事"与"别扭"，但我们又总是立刻麻痹自己的感觉，任由它们待在那里。

总是觉得别扭，会让我们产生很大的压力。从这个意义上来说，感觉麻痹其实也是一种很可贵的心理机制。

然而，感觉麻痹不过是权宜之计，不能从根本上解决问题。因此，断舍离就是要让大家意识到这种"别扭的感觉"，并且慢慢消除它。也就是说，先从承认问题开始做起。

这个道理不仅适用于个人，也适用于国家和社会。不承认失败，就无法探讨解决问题的方法。寻找借口反而会加剧痛苦，让无意义的对立愈演愈烈。

因为说到底，其实每个人都希望对方可以先开口说一声"抱歉"。

> 刻意的积极向上接近于一种感觉麻痹。
> 接受不愉快与罪恶感并积极应对，
> 自然会涌出感激之情。

2 不要放弃自己去"分析、思考、感受"

经常有人问我这样的问题:"我该不该把自己拥有的'某件物品'扔掉?"所谓的"某件物品",大部分都是些"一直放不了手",让自己烦恼不已的物品。但是,那件物品的主人并不是我,所以我也无法给出正确答案。即使我可以回答(回复),也并不能解答(说出正确答案)。每次被问到这个问题,我都只好指着提问者的胸口,反问对方:"你自己觉得呢?"

这就好比自己把食物吃进嘴里,却问别人好不好吃。对此,断舍离的看法是,**如果不是自己做出的选择和决断,就毫无意义。**

断舍离是一种工具,可以帮助我们用"需要、合适、舒服"取代"不需要、不合适、不舒服"。

我们要做的首先就是重新唤醒自己的"分析、思考、感受"系统。生活在如今这样一个时代,繁忙劳碌、信息泛滥导致我们的这套系统经常处于关闭状态。我们遇到问题时,会到杂志上、电视里,或者占卜师那里寻找答案。希望大家能够认识到,这样做,实际上就类似于把本该由自己做决定的事情交给别人,让别人代替自己做出选择和决断。

从"知行合一"到"感行合一"

就拿物品来说吧,因为店员一句"很适合您呢"的称赞,你就买下了一双很漂亮的鞋子。可穿了一阵你才发现,这双鞋并不合脚,还总是磨脚。发生这种情况,错的不是鞋子,也不是劝你买下鞋子的店员,而是买鞋时没有深思熟虑的自己。也就是说,"是自己买错东西了"。既然如此,那就大方承认这是一次失败的购物,对鞋子说句"抱歉啦",然后把它处理掉。我们现在需要的,正是这份大方与干脆。

许多朋友都说，开始践行断舍离后，一穿就磨脚、让人心烦的鞋子，太紧、穿着不太舒服的衣服，都能干脆利落地扔掉了。明明是让自己觉得心烦的东西，却一直闲置着，并以保存的名义囤积起来。理由有很多：买的时候很贵、是自己喜欢的款式，等等。到了最后，终于把焦点放在"自己穿着那双鞋时是否觉得舒服"上面，进行了选择和决断。或者说，如果自己的判断是只要喜欢，再不舒服也无所谓，那留着也无妨。**做出怎样的选择和决断是因人而异的，每个人都有自己的标准。**

有位朋友曾跟我说，要"感行合一"，我非常喜欢这个词。我们都知道有个词叫"知行合一"，然而，如果不仅能让学到的知识和行动保持一致，还能让感觉、感受和行动保持一致的话，那么我们的人生想必会更加自在。

> 养成自己去分析、思考、感受,
> 进而做出选择和决断的能力。
> 断舍离是一次机会,
> 能帮我们让这套已经钝化的系统重新运转起来。

3 看清"事物原本的样子",按自己的意志生活

虽说来参加研讨会的朋友,都有着"对物品放不了手"这一共同的烦恼,但每个人背后的故事也不尽相同。曾经有一位来参加断舍离研讨会的女士。她脸上的表情告诉我们,她正在经历着非同一般的困扰。

"儿子去世后,我无法扔掉他的遗物,感到很痛苦。"

虽说多多少少处理掉了一些大件的物品,但除此以外毫无进展。对此,她显得有些自责。

我问她:"你为什么这么急着把儿子的东西处理掉?"

"因为只要留着它们,我就会一直悲伤不已。早些处理掉,我也好早点从悲伤中走出来。"

听了她的回答，我莫名地觉得好像哪里有些不对劲。于是我继续问道："这是你内心真实的想法吗？"那位女士却轻轻摇了摇头。也就是说，希望她那样做的，劝说她那样做的，是她周围的人。而她自己的真实想法，是还想和这些物品继续相伴很长一段时间。她还需要很长一段时间，才能从悲伤和痛苦中走出来。

换句话说，她的痛苦不在于想扔而扔不掉，而在于她没有接纳自己的情绪。"你要快些从悲伤中走出来啊"，她不自觉地试图接受周围人看似善意的劝说，偏离了自我轴，倒向了他人轴，因此才感到十分痛苦。

我希望她可以接纳自己的情绪，可以接受自己本来的样子。

断舍离的目的不是舍弃物品，而是在与物品面对面的过程中，能够重新坦诚地面对自己的思想和情感。这同样是一个疗愈自己的过程。

人很容易失去自己的主心骨，尤其是面对给自己带来巨大痛苦的事情时，几乎会丧失自己做出选择和决断的能力。但我希望大家牢记一点，那便是看看自己想要参与什么（想要与哪些事物产生关联）。不管是他人的观念、社会的观念、时代的观念，还是其他什么观念，**接受外部的观念时，要遵循自己的意志**。当然，对待这本书，对待断舍离这种方法时也是如此。

另外，提供观点的一方也有必要明白，"大前提是考虑到当事人的意志"。无论关系多么亲近，哪怕对方的确做得不对，也不应该将自己的观念强加于人。我认为，这是做人最基本的礼貌。

看清事物原本的样子，便会走向"醒悟"

任何人都有无法压抑悲伤、愤怒、嫉妒等负面情绪的时候。在这种时候，比起试图立刻将这些情绪压制下去，坦然面对反而轻松得多。**试图消除或控制负面情绪，本身就是在勉强自己**。感到不愉快时，与其强迫自己"不能嫉妒！"，倒不如意识到"我不高兴原来是因为嫉妒啊"，就像有另一个自己在旁边帮忙分析现状一样。

这个道理同样适用于自己与他人之间的关系。与其责备正在抖腿的人，让对方"别抖腿了"，倒不如帮助对方意识到"自己正在抖腿"的现状。关键是要"醒悟"，只有"醒悟"了，才能向下一阶段迈进。想要一次性地处理问题、解决问题，反而会引发无谓的争斗，消耗更多的精力。

看清事物原本的样子，是俯瞰的第一步。
学会俯瞰，便会"豁然开朗"，
进而拥有应对问题的能力。

第二节　不再纠结自己"走不走运"

"走不走运"是每个人都会关注的话题。断舍离是一种"收拾"的方法，它以客观存在的物品为对象，从收拾物品开始做起。然而不可思议的是，它还可以带我们渐渐发现"更加深奥的无形世界"。下面，我们将通过探讨什么是"走运"，什么是"不走运"，来重新审视自己的生活态度。

1 "开运"的一些似是而非

别看我现在作为断舍离的创始人,在这里向大家提供"收拾方法"和"生活方式"方面的建议,其实我也走过很多弯路。

曾经有一段时间,我总是在想"怎样才能交到好运"。准备开运吉祥物啊,使用幸运色啊,拜访风水宝地啊,诸如此类的方法,我通通尝试过。我还学习了阴阳五行等命理学,一心想要得到神明眷顾。

然而,如今想来,所有这些行为,**恰恰说明了我认定自己"运气不好",所以才想要缺什么补什么**。这就好比正因为食不果腹,才满脑子都是美食,挥之不去。

一位学员曾对我说,开始践行断舍离之后,遇见想要的东西,即使不打折,自己也会买下来了。因为这位学员发现，一直以来，自己之所以常常购买打折或者促销的商品，其实是想要**借"划算感"来证明自己很走运**，觉得"我能以这么划算的价格买到这件衣服，好幸运啊！"。然而反过来看，这样做，好像又一次证明了自己其实没什么运气。

和打折商品一样，积分卡也充满了诱惑。

我们总有一种隐隐的期待，觉得只要攒积分，就一定会有好事发生。那就让我们回到原点，想一想攒积分究竟能换来多大的好处呢？商家推出积分卡的目的就是留住顾客。从这个角度考虑，商家返还积分并不是出于对顾客的感谢，而是一种营销策略。我衷心希望大家能够明白，商家盖章的"幸运"，不过是一种障眼法。与此同时，我们自己也往往会产生"下次再来的时候，不带积分卡就亏了，多可惜啊！"的心理。我认为，如果持有积分卡的原因是"没了它会感到不安"，那就不妨试着放手。

与其说是因为"运气好",不如说是因为"准备周全"?

一名单身女性,总是随身带着一个足足五厘米厚的积分卡专用卡包。她的背包自然也装得鼓鼓囊囊的。这也难怪,光是备用手帕就有两块,创可贴和纸巾也不止一个,而且她还总是带着一把折叠伞。包里装的,仿佛满满都是不安,是她万一遇到突发事件时"不想因为没有准备而后悔"的不安。我不禁觉得,从长远来看,总是背着这么沉重的包包,这种做法给她带来的压力,才是更严重的损耗。幸亏带了折叠伞,回家的路上才没有淋雨——这不叫运气好,不过是"准备周全"而已。

我把我的看法告诉她之后,她说:"原来是这样啊……也对,没带伞就没带伞,说不定向别人借伞还能发展出一段情缘呢!"

不管是否拥有物品,心怀希望总是好的。 从更加长远、更加广阔的视角来看，我们都希望自己能够积极乐观、轻盈自在地生活。常言道，"不完美的人更受欢迎"，留点余地，享受不完美，往往会带给我们意想不到的收获。

喜欢才会用心

因为打折或者为了攒积分才买下的物品，我们往往会分不清自己究竟喜不喜欢。说到底，**要想真正珍惜某件物品，要建立在"自己对它用了心"的基础上。**

更进一步说，对于不是自己真正喜欢的事物，遍布街头巷尾的风水之说不仅毫无作用，甚至还会适得其反。摆着"跑偏"了的开运吉祥物，导致房间杂乱无章的情况，也不在少数。

我有个朋友，总是一身名牌，穿着考究。有一次，我见她穿的衬衫非常漂亮，忍不住称赞了几句，她一脸自豪地笑着告诉我："其实这件衣服才一千五百日元。"她说，践行断舍离后,她开始"尝试穿便宜的衣服",因为她真正自信起来了。无论外界的评价是好是坏,价格昂贵与否,只要是自己喜欢的东西,对自己来说就是有价值的。任何物品的价值都是由自己决定的。有了这种气势,我们就能突破自我,达到一个更高的境界。

虽说自我启发是自己启发自己,但如果自己喜欢的物品也能在不知不觉中给我们带来启发,或许比自我启发的效果更好。自己把爱倾注在物品上,物品也会用爱回报你自己,自己与物品之间是彼此珍爱的关系。比起揪着运气好坏的问题不放,与每天围绕在我们身边的物品建立良好的关系,才是迈向幸福的第一步。

> 如果你现在执着于追求"好运",
> 反而说明你认定自己不会有好运气。

2 比起"招来的缘分",更要感谢"降临的缘分"

"运"原本就是个挺不可思议的词,翻开字典,里面是这样解释的:

运:一种超越人类意志的作用力,支配着降临在人身上的幸与不幸。天命。命运。

简言之,就是一种让人觉得"无能为力"的事物。确实,"运"写作"搬运"的"运",说明它只能被随意运来我们身边。不过,近来我们也经常能听到"招运"这种说法。

既然要"招运",也就是说,我们觉得自己现在没什么"运"。而且还总有一种紧绷的感觉,心心念念地想要得到自己规划好的小小的未来和小小的幸福。

虽说谁都不喜欢失败和困难，可对失败和困难装作视而不见，一味想要逃避，一心只盼望好事发生，这种贪心不足的态度也让人不敢恭维。"得到好运眷顾"，原本就是我们更为熟悉的说法。

"开运"是手段，"幸福"是目的

教育家森信三的话，揭示了好运与幸福的真理，让我深受启发。

"人的一生中，一定会遇见应该遇见的人，而且还是在刚刚好的时候，一刻也不会早，一刻也不会晚。"

"我们应该知道，缘不求则不生。内心对缘分没有渴求，即使有缘人就站在你面前，到头来也还是生不出缘分。"

虽说相逢是天意,但倘若一个人没有求缘之心,上天也难以成全。我对此深表赞同。

人们为何如此在意"开运"呢?是因为想要过上幸福的生活。然而,我们却往往把手段当成目的,导致事情向着奇怪的方向发展。既然如此,就让我们再想想,幸福究竟是什么。

森信三还说过:"幸福,就是细细品味、深深感受与有缘之人的联结,进而生出感激之情。"

我觉得,"运"是从人与人之间的缘分中获得的。人与人之间的缘分,是"天算",是人类智慧所不可企及的领域。

遗憾的是,我们遇到的缘分,并非都是良缘。对这样的缘分,要如何去品味、感受,就全看我们自己了。当我们能不再用自己有限的思维能力去判断"缘分"的好坏时，才会真正"开运"，得到"幸福"。**倘若连运气与缘分我们都能以俯瞰的视角去看待，留在我们心中的，就只有感谢了。**

注：文中森信三所说语句摘自《森信三 一日一语 道出人生智慧》（寺田一清编 致知出版社）

> 开运不是目的，而是为了得到幸福的手段。
> 其实，"招来运气"的想法本身就是一种执念。

3 与其怀有"愿望和期待",不如拥有"信念与梦想"

这是我妈妈的故事。多年以来,她总挂在嘴边的一句话是:

"真想在有生之年尝尝大间的金枪鱼[1],哪怕只有一回也好。"

说起大间,众所周知,是青森县的渔港,以金枪鱼闻名。那里的金枪鱼是最高级的金枪鱼,非常出名。有一次,我突然意识到,妈妈虽然经常把这个愿望挂在嘴边,却从没想过要去实现。

---

1 产于日本青森县大间町的金枪鱼,有"海之黑钻"之称。

愿望、期待、信念、梦想，虽说这几个词听上去都挺积极向上，但内涵还是稍有区别的。

妈妈的这个"愿望"，相对于"梦想"来说，还是比较容易实现的。真想吃的话，去趟青森，虽然多少有些奢侈，但只要花钱就能吃到。也就是说，只要行动起来就行。然而之所以最终未能实现，是因为妈妈只是对大间金枪鱼怀有憧憬，并不是非要吃到不可。

说到底，她还是**没有允许自己去实现这个愿望**。因为就她对自己的自我定位而言，这个愿望对她来说太过奢侈了。

把"想要"挂在嘴边的人和把"或许"挂在嘴边的人

"想要……""或许……"，都是我们平时常说的字眼。如果你总是把"想要……"挂在嘴边，那么你最好确认一下，你所谓的"想要……"，是不是真正想要实现的"愿望"。如果你总是把"或许……"挂在嘴边,这也许说明,你总是在想一些自己无法"确信"的事情。

或者说,你看似有"想要……"的"愿望",但实际上会给人一种你是对周围人抱有"期待"的印象。而这种期待,反过来说,就是一种"你不肯为我做某事""我希望你去做某事"的责备。"愿望"也好,"期待"也罢,都暗含着对他人的依存与依赖,给人一种不够纯粹的感觉。

相反,"梦想"与"信念"则十分纯粹。它们能让我们想起那些真挚的运动员,比如淡定地一次又一次练习着挥棒的铃木一郎选手,松井秀喜选手[1],还有在无数次的摔倒中努力练习阿克塞尔三周跳[2]的浅田真央选手[3]。面对结果,

---

1 铃木一郎和松井秀喜均为日本著名棒球运动员。
2 花样滑冰中一种难度较高的跳跃动作。
3 日本著名花样滑冰女运动员。

他们甚至不会去想"满意与否",有的只是"感谢"。**怀揣信念,向着梦想进发的态度,早就超越了"幸与不幸",达到了更高的层次。**

想要实现梦想,跌倒和失败都在所难免。不要害怕困惑、苦恼与迷茫,让自己勇往直前吧。

我想,现在我所追求的就是这样一种境界。然而,之前的很长一段时间里,我都执着于"幸与不幸",想要避开"不快",一味依赖外力,走了不少弯路。借助断舍离,通过物品不断进行练习,我的想法自然而然发生了转变,有了如今的心境。虽然我依旧拥有不少执念,但在今后的日子里,我希望自己能够带着"信念"和"梦想"生活下去。

想要超越"幸与不幸",活得快乐,
秘诀就是怀抱着纯粹的"信念"与"梦想",
果断而勇敢地生活下去。

第三节 高远的视角：对物、事、人全部适用的自在之力——俯瞰力

在践行断舍离的过程中，会产生一种感受，即"自我肯定感"。会深入了解自己，并喜欢上自己。换句话说，就是成了"快乐的自己"。我们从中获取的力量，就是"俯瞰力"。它是一种不再纠结小小的幸与不幸的智慧。下面，我将为大家详细介绍俯瞰力的特征、机制、训练方法以及作用。

1 俯瞰力，就是按照自己的意志，自在而果敢地生活的力量

回想起来，我现在有了更多从空中俯瞰日本列岛的机会。

尤其是最近几年，"断舍离"在世界各地掀起了热潮，为了举办讲座和接受采访，我也一直过着在各地飞来飞去的生活。

飞机从我家当地的机场起飞后，不一会儿，我就能透过飞机上的小窗，看到连绵起伏的白山。它沐浴在日光下，闪耀着洁白的光芒。从空中看到的白山，有一种不可言喻的炫目的美丽。

然而，在飞机飞往羽田机场等各地机场的途中，透过窗户向下看，我发现了这样一件事。

在离城市稍远的山间地带，出现了一小块一小块的绿

地。这些绿地就像是用颜料涂抹出来的一样，显得格格不入。原来是高尔夫球场。而且数不胜数。有一次，从飞机起飞到落地羽田机场期间，我试着数了数在自己看得见的范围内，到底有多少高尔夫球场。粗粗一数，竟有五十多个。有的高尔夫球场之间还挨得特别近，近到让人吃惊的程度。从上往下看，可以明显看出，高尔夫球场建得太多了。

在国土面积狭小的日本，真的有必要在仅仅数百公里的范围之内建这么多高尔夫球场吗？虽然在陆地上时我们没有明显的感觉，可一旦从数千米的高空向下俯视，也就是说一旦进行俯瞰，任谁也能立刻得出答案。

泡沫经济时代，高尔夫球场的建设如火如荼。可据说经济萧条之后，用来接待客户的高尔夫球活动减少，许多高尔夫球场都难逃被废弃的命运。我们经常能在新闻中看到这样的报道：兴建球场时，砍掉了村落附近山上的树，引发了山体滑坡、泥石流等灾害。为了培育草皮，大量喷洒农药，污染了农业用水，给周围的生态环境造成了巨大的破坏。随心所欲地大兴土木，给周围的环境带来了巨变，可一旦失去了利用价值，就任其荒废，变成无人的荒地。这就是在日本这个国家、在日本列岛这片土地漫长的历史中，短短数十年间发生的事情。

随着国家日益富裕，人们的生活方式也发生了翻天覆地的变化。物欲横流，所有的商品都被过量生产，消费也变得不由自主、随波逐流起来。或许可以说，在泡沫经济时代，所有人的目光都变得狭隘而短浅。

我对此感触颇深。一言以蔽之，就是**"浪费"**。

断舍离在社会上掀起热潮之后，我从很多朋友那里收到了正面的反馈。但另一方面，也听到了类似"什么断舍离，不就是从早到晚扔东西嘛，多浪费啊！"的批评。对此，我的想法是，"比起出口的浪费，入口的浪费才更该引起重视"。因为**生产大量不得不废弃、没有用武之地的东西,才是真正的"浪费"**。换句话说,**过量生产本身就是一种"浪费"**。其实,只要用俯瞰的视角,看看物品从被生产出来的那一刻到沦为无用之物的全过程,心中自然便有了答案。

没错,我们需要的是"俯瞰"的力量。

俯瞰力,是用高远的视角,广阔的视野,"整体"把握事物的能力。它最终会发展为一种生存的力量,能让你瞬间感受到当下让你觉得"需要、合适、舒服"的东西,可以按照自己的意志,自在而果敢地度过人生。

本书的第 28 页写道:"一旦把焦点放在物品上,舍弃就失去了正当性。"我们在得到某件物品后,往往是只有把它拿在手上时,才能意识到那件物品的存在。或者是它即使就在手边,我们也经常不知不觉地对它置之不理。甚至可以说,**物品从它被生产出来的那一刻起,就已经走在变成垃圾的路上了。**

我们与物品短暂结缘的那段时光，或者是让我们印象深刻，或者是过眼云烟，情况各不相同。然而，既然已经与这件物品结缘，我们还是希望能与它建立起紧密的关系，共度充实的时光。

起初，我们认真审视："这件物品与我之间，是否处于一段有生命力的关系之中？"渐渐地，随着洞察力变得愈发深刻，视角变得愈发高远，视野变得愈发广阔，我们便对社会和生存环境有更加清晰的认识，意识到什么才是"入口"处的"浪费"。在这个过程中养成的，恰恰就是**"俯瞰力"**。

拿物来说，面对街上和店里琳琅满目的商品时，你看待它们的眼光会发生变化，会去思考：难道消费者真的如此需要这件商品吗？

拿事来说，面对各类媒体的报道和信息时，你不再照单全收，而是会有意识地去探究问题的本质，思考自己该对这件事情持怎样的态度。

拿人来说，和别人讨论问题时，你不再感情用事，而是会去寻找一种表达方式，好让自己和对方都畅所欲言。

物、事、人。俯瞰力适用于所有场合。把它解释为一种**能在必要的时候，按自己的意志，让必要数量的必要物品充分发挥出作用的能力**，或许会更容易理解吧！

> 思考什么才是真正意义上的"浪费"，
> 有助于培养纵观全局的能力。

2 断舍离带来的境界提升——拥有俯瞰力的生活状态

那么,具体而言,如何才能拥有俯瞰力呢?就让我们跟随践行断舍离所带来的空间变化和自我觉醒,对俯瞰力的机制进行一下说明。

断舍离是加分法。一步一步地前进,无论有多么微小的进步,都要给自己加分。哪怕稍有停滞也没关系。不顺利的时候就对自己说:"我现在还做不到。"允许自己停下。**这种脚踏实地向前迈进的感觉,就好比在一级一级地爬螺旋式阶梯**。无论爬得多高,眼前的景色永远没有变化,甚至不确定有没有尽头。从正上方看,就好像是转了一圈又一圈,不断回到原点。然而从立体的视角来看,其实是在稳步前进的。哪怕只有毫厘之差,也是在不断进步的。断舍离就是这样一种感觉。虽然也有极少数人——我们称之为激进派"断舍离践行者",能突飞猛进、一飞冲

■ 境界不断发生变化的旋转阶梯

自己眼前的景色

一直没有发生变化

从立体的视角来看

上升

从正上方向下看

转了一圈又一圈，不断回到原点

天、进步神速，但那只是极少数人而已。因为每个人的节奏以及每个人面临的状况，都是不一样的。

下面，我们来梳理一下变化的过程。

第一阶段是"醒悟"。简单来说，就是产生"我怎么会有这种东西？"的感觉。在**这一阶段，你会开始客观地审视自己**。具体来说就是：

• 去别人家时觉得别扭的地方（比如"玄关怎么摆着这么一件奇怪的东西？"之类的），在自己家里也同样感受得到。

• 开始承认自己有过许多次失败的购物经历。

• 发现自己居然在相当草率地对待自认为很喜欢、很重要的物品。

• 做出了"比起添置收纳用具，还是应该先精简物品"的判断。

• 发现自己完全把"收拾→整理→打扫（扫、擦、刷）"的"扫除"顺序弄乱了。

诸如此类。

之后的某一瞬间，你会突然发现，自己的视角发生了变化。就好像突然发现自己一直心无旁骛地向上攀登的、看似没有尽头的阶梯"原来是旋转楼梯"一样。具体来说就是：

● 你关注的焦点不再是物品本身，而是变成了自己与物品之间的关系。

● 比起物品，你开始更加关注居住空间。

● 花在找东西上面的时间大幅减少，时间变得充裕了！

● 购物时会深思熟虑，不再随随便便把东西买回家了！

● 对于五年来一次都没有用过的物品，开始能够把管理和保养它所花费的精力、时间、空间，和物品本身放在天平上，衡量一下孰轻孰重了！

诸如此类。

这些变化说明你已经渐渐具备俯瞰力了。我们一般把"离"的状态解释为"从执念中脱离出来"，但是下面这个解释也深得我心——**断舍离的"离"，就是"离地"的"离"**。每天的生活看似与之前无异，但实际上你已经具备了俯瞰的视角。你的境界发生了转变，层次发生了变化。

虽说大街小巷都充斥着标题是"××力"的书和方法论，但是我认为，实际上，通过断舍离养成的能力——俯瞰力，才是一切"××力"的基础。因为**无论多么有用的能力，如果不具备一种能让你在必要的时候，把它恰到好处地应用在必要的对象身上的视角，那么这种能力也无法很好地发挥出作用。**

如果目光短浅，就会重蹈覆辙（拿住处来说，就是仍处于"混沌"的层次）；如果只具备客观的视角，就会浅尝辄止（拿住处来说，就是达到了能够区分物品"需不需要"的层次）。只有具备了俯瞰的视角，才会重新审视我们与物品的关系，把握全局，物尽其用（拿住处来说，就是达到了只留下经过精挑细选后，自己真正喜欢的物品，并且能自由自在、灵活巧妙地使用它们的层次）。

当然，俯瞰力不仅仅适用于居住空间。不管是生活方式、人际关系、工作等个人层面的问题，还是政治、经济、环境、国际、历史观等世界性和全球性层面的问题，对于一切事物，它通通适用。

"知识、经验、实践"三位一体

通过俯瞰力获得的"深刻的洞察、高远的视角、广阔的视野"，是建立在知识（在学校学到、从书中获取的信息)、经验（真正走上社会后获得的实际体验）、实践（自己主动进行的训练）三位一体的基础上的。

想要获得"知识"和"经验"，只要将自己置身于相应的环境当中，自然而然就能获得，与我们预想的不同，这是一个被动的过程。世界上拥有丰富的知识和经验的人很多，而且即使人们漫不经心地活着，也能获取相应的信息。经验也一样，虽说程度因人而异，但基本上有一半的经验也是被动地获得的。只有"实践"是完全主动的，需要身体做出行动。

拥有漂亮的学历、亮眼的头衔、渊博的知识、丰富的经验，却缺乏"实践"的人不在少数。然而，颇为有趣又值得庆幸的一点是，恰恰只有"实践"，是不分环境与场合，只要经过练习就能做到的事情。

虽说由于能在日常生活中进行实践，断舍离有时会被认为是"收拾术"，但或许也可以说，断舍离是一种**基于物品的实践哲学**，它的来源是瑜伽中"断行、舍行、离行"的修行哲学。它是一种将所有人拥有的各有千秋的宝贵"知识"和"经验"有机融合在一起的"智慧"。"实践"能让"知识"和"经验"变得立体,**"智慧"是潜意识中发出的信息,能够指导我们正确地进行"实践"**。正因如此,断舍离才要从收拾住处开始做起。

所以,"俯瞰力"这种看似玄妙而巨大的力量,是可以通过实践获得的,而实践,居然可以从给厨房的勺子分类开始做起!这样说来,还真是让人充满了希望。

所谓内省,就是对内心进行俯瞰

内省是一种冥想,即"观察内心"。内省能够促进俯瞰力的养成,是一种既矛盾又有趣的说法。

我将冥想定义为**"让另一个自己去观察自己"**。这种感觉类似于只是在内心中凝视自己的"存在",对自己既不肯定,也不否定。

我在当瑜伽老师时,经常与学员一起进行"山的冥想"。

有些人想象的是"置身山中",有些人想象的是"山外观山",大家的着眼点各不相同。

而我的冥想,则是"化身为山"。

山紧紧连接着大地,连接着地球。当然,我自己也是这片大地、这颗星球的渺小的一部分。可一旦把自己想象成山,就会觉得自己在慢慢变大、慢慢膨胀,萌生出一种深深扎根于大地的感觉。这样一来,我便可以静静地眺望位于山脚下的另一个我自己。

冥想是一种在安安静静坐着的状态下进行的修行。相反,断舍离则可以说是"动禅"。换句话说,就是为了认识自己而进行的训练。正因如此,通过断舍离获得的,才是被称为俯瞰力的"力量"。相对来说,冥想虽多少有些高深莫测，但是我们能在冥想时想象"俯瞰"的感觉，从中也能体会到别样的乐趣。

可以说，在养成俯瞰力的过程中，冥想是一种辅助手段，能够帮助我们以想象的方式学习"俯瞰力"。

"俯瞰力"可以通过日常生活中的训练来培养，是一种在"离"的境界中获得的"黄金利器"。

3 "三分类法则"的智慧能更好地锻炼俯瞰力

虽说断舍离是一种关于收拾的方法论,但它提出的具体方法,也只有"七五一法则""一步取用法则"和"三分类法则"等有限的几种。断舍离的精髓,是用"需要、合适、舒服"取代"不需要、不合适、不舒服",形成一种新陈代谢式的推动力,具体如何操作则是次要的。断舍离对方法的定位是,**方法本身不过是一种引导,有了它,实践起来会更方便。**

不过,在断舍离提出的方法中,我要特别提一下"三分类法则"。这种方法具有极强的适用性,不仅适用于物品的收拾,还能广泛应用于各个领域。

所谓"三分类法则",就是按"大、中、小"的顺序,持续对物品进行分类。这个方法能够直接锻炼我们的俯瞰力。

利用"三分类法则",可以找准自己的位置,加深对客体的认识

在三分类法则中,最为笼统的"大分类"是最关键的。进行大分类时,整体把握事物的能力不可或缺。

无论是梳理思路还是探讨问题,抑或制定战略,都要以从整体上把握客体为前提。另外,只有用高远的视角看待自己当前所处的位置,才能知道自己应该思考什么、探讨什么以及如何制定战略。

换句话说,就是俯瞰自己所处的位置,同时对客体进行俯瞰。在进行大分类的过程中,锻炼我们的俯瞰力。

在自己当前所处的位置,我们能够做些什么?发生在东日本的"3·11"大地震使我又一次认识到,要站在高远的视角把握事物。

首先，要清楚自己做得到的事和做不到的事（**俯瞰自己当前所处的位置**）。

此外，更重要的是，判断自己做得到的事目前能够起多大的作用（**俯瞰客体**）。因为如果对构成客体的时间、地点、人物做出了错误的判断，那么原本善意的支援反而会加重现场的负担，引起混乱。

看到新闻中说灾区避难所缺乏物资，就想方设法捐赠物资，这是再正常不过的行为。可是，要运送物资，就要具备运输的路线、方式和人员。如果这些条件尚未完备，即使捐赠了大批物资，也起不到作用。

在这种情况下，灾害刚刚发生时，既不在灾区，又并非专业救援人员的我们所能做的，就只有后方支援了。我当时做出的判断是，要先准备必要的援助金，用于修复基础设施,这样了解现场情况的相关人士才能采取合适的行动。

学会俯瞰,就能准确分析自己所掌握的信息,找到自己力所能及、行之有效的方法。

行动与概念的"大、中、小"三分类

要想锻炼"大分类"的能力,我们需要先对"大、中、小"三种分类进行一下整体分析。三分类的铁则是,按照"大、中、小"的顺序,循序渐进地把焦点从"大分类"向"小分类"过渡。

能够用肉眼进行俯瞰的居住空间和办公场所,是非常适合练习三分类法则的地方。

办公场所自不必说,还有居住空间里的厨房、玄关和衣柜，由于放在里面的物品事先已经大致分过类了，再进行分类会比较容易。关于物品的三分类法则，详细内容可以参考我之前的著作《断舍离》。接下来我主要想和大家一起练习一下，如何将三分类法则应用于行动和概念这些无形之物上。

首先，我们来试着对"扫除"进行"大、中、小"三分类。

秘诀就是，先列出要素，进行俯瞰，确定最基本的三种分类。具体怎么分则因人而异，没有正确答案。但一定要抓住两个要点：**第一，看看是否无法再分出更多类别了。第二，判断这三种类别是不是并列关系。**如果在这里出现了判断失误，那么接下来的中、小分类就会一团乱麻。

日常生活中对分类的应用，最常见的就是地址。地址是从大分类逐渐聚焦到小分类的典型代表。在查找地址

■ "扫除"的"大、中、小"三分类

大分类	中分类	小分类		
收拾	购入限制	现用现买	最低库存	其他
	总量限制	七五一法则	收纳尺寸	其他
	时间限制	保鲜期	保质期	其他
整理	收纳	自立、自由、自在法则	一步取用法则	其他
	归位	抽屉	橱柜	壁橱
	统一	颜色	形状	高度
打扫	扫（除尘）	桌子	架子	地板
	擦（去污）	水池附近	容器	其他
	刷（提亮）	水槽	金属器皿	其他

时，我们不会倒着查，即先从编号和名称极易混淆的门牌号或者街道名称开始，再找到千代田区、东京都和日本。而是率先明确"日本"这个大范围，再一步步缩小着眼点。

然而，一旦想把"大分类"应用于所有事物，则会发现比我们想象的要难得多。若说对事物进行中分类和小分类时，我们的脑海中还能林林总总拉拉杂杂地浮现出一些要素，可是要进一步抽象出一个"大分类"的概念，把这些要素都包含进去，许多人就会一头雾水。

在断舍离研讨会上，我们会让大家好好实践一把如何进行三分类法则中的"大分类"。越是用平时常见的概念进行练习，就越是深奥，越是有趣。就以"语言"这个概念为例。请大家先在下一页的答题卡中，写出对"语言"的分类。

■填写式答题卡——"语言"的三分类

请在左侧的空白框里写出关键词,以这个关键词为前提,对"语言"这一概念进行分类。如果一开始对"前提"拿捏不准,就先在这里的空白处写出能对"语言"进行分类的关键词,想起什么写什么。从词群中获取灵感,进而提炼出该以什么为前提,将"语言"分成三大类。

在"三分类法则"中加深对他人的理解

通过请参加研讨会的学员们做三分类法则练习，我发现了一件事。就像 109 页所显示的那样，同样是将"语言"分成三类，分类方式却因人而异。从结果可以清晰地看出，同样是针对"语言"这一对象，**每个人把握的"分类前提"却各不相同。**

我常常为"原来这位朋友是从这个视角来看待'语言'的啊！"这一类事情而惊叹。也变得不想用善恶或对错去简单地评判一件事。我想这恐怕是因为，从两极化到三分类法则，事物开始变得更加抽象了。我们也在实施三分类法则的过程中，渐渐加深了对他人的理解。这也是三分类法则所拥有的不可思议的力量。

或许，**我们那些无谓的对立与批判，也不过就是彼此的关注点不同而已**。只要能了解对方关注这个问题的切入点是什么，便不会产生批判的想法了，也能够从善恶、对错的二元对立中跳脱出来了。我想，**归根结底，"批判"还是由于缺乏俯瞰力所导致的**。

另外我还认为，之所以会批判他人，根源可能在我们内心深处。没有仔细分析各自认识问题的前提，就把彼此拉到同一个层面，展开好与坏的二元对立，这样一来，肯定会不断地引发批判。

说回收拾，这就好比站在一个垃圾和废品混杂的地方，判断物品是"需要"还是"不需要"。如果把焦点放在已经经过精心挑选的物品上，我们的视角就会发生变化，就能从整体认识空间、把握全局，思考如何才能发挥出物品的价值。当然，这个道理也适用于所有的物、事、人。

学会俯瞰，就敢于在自我轴和他人轴之间穿梭

我有一位朋友，在践行断舍离的过程中，将从断舍离中学到的思维方式应用到了工作上，并取得了成功。

■把"语言"分成三类的不同分类方式

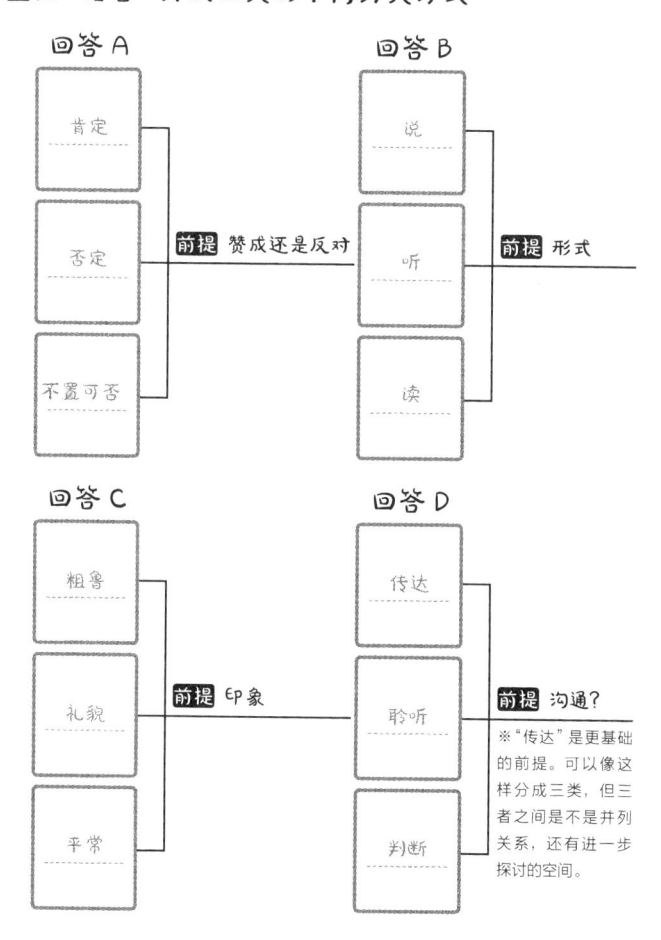

回答A

- 肯定
- 否定
- 不置可否

前提 赞成还是反对

回答B

- 说
- 听
- 读

前提 形式

回答C

- 粗鲁
- 礼貌
- 平常

前提 印象

回答D

- 传达
- 聆听
- 判断

前提 沟通?

※"传达"是更基础的前提。可以像这样分成三类,但三者之间是不是并列关系,还有进一步探讨的空间。

断舍离反复提到了"自我轴"和"他人轴"。"这是别人送的……""万一来客人呢？得给客人预备着……"有些朋友，明明是自己的家，却动不动就为了别人把东西留下来。断舍离重视的则是主体性，关键看"自己用不用得着"，并以此为标准，不断精简物品。这位朋友在坚持对自己的住所进行断舍离的过程中，突然有所感悟，于是萌生了一个想法，**在工作中进行汇报展示时，反而可以彻底地站在"他人轴"上。**

在进行汇报展示时，为了将自己的想法传达给对方，我们往往会过于强调"自我轴"。然而，做出评价的却是对方，也就是说，决定权在别人手里。这位朋友注意到，这才是大前提。

这位朋友还注意到一个问题，那就是在进行汇报展示时过分关注主题，想得太多，视野会变得狭窄，导致话题过于分散。于是便**有意识地应用了三分类法则，先从大分**

类切入，再渐渐缩小范围，依次过渡到中、小话题上。

把握住这两点后，这位朋友的汇报展示果然大获成功，还在公司得了奖！我想，这个例子很好地证明了扩大视角、拓宽视野能够带来成功。

虽说断舍离强调的是立足"自我轴"，然而，学会俯瞰后，我们甚至能主动地、自如地在"自我轴"与"他人轴"之间切换。当然了，如果你连"自我轴"的意识都很淡薄，是完不成这种高难度动作的。

如果越来越清楚什么情况下该从"自我轴"切换到"他人轴"，你便能灵活自如地应对各种局面了。

> 俯瞰力，还能加深我们对他人的理解。
> 进行"三分类法则"的训练，
> 以此来锻炼俯瞰力吧！

有助于梳理思路的五个"三分类"

1."信息"的三种分类，帮你做出判断

| 我判断该信息可信 | ●信息来自值得信赖的人
●信息来自值得信赖的地方（媒体）
●发布信息时用的表达方式让人信服 |

| 我判断该信息可疑 | ●有煽动性
●与某些人的利益直接相关
●基于某种特定的思想 |

| 我无法做出判断 | ➡ 有意识地不做判断或只是表明某种态度
例："不至于立刻……" |

在信息泛滥的现代社会，很少有那种所有人都认为"可信"或"可疑"的信息，于是人们发表见解时，开始使用"我的判断是……"的说法。在那些让我们觉得"自己无法做出判断"的信息中，发布者有意识地不做判断，或者表示出"目前还不明朗"的态度，是否有意义呢？比如说，有关福岛核电站核污染的报道中，反复提到了"不至于立刻对人体产生影响"。这种表达就让接收信息的一方很难做出判断。是应该理解成"不会立刻产生影响，所以没关系"呢，还是应该理解成"影响会慢慢体现出来，所以要小心"呢？希望大家能够明白，正是因为模棱两可，才导致了不安与混乱。

2. "语言"的三种分类，帮你了解自己的思维习惯

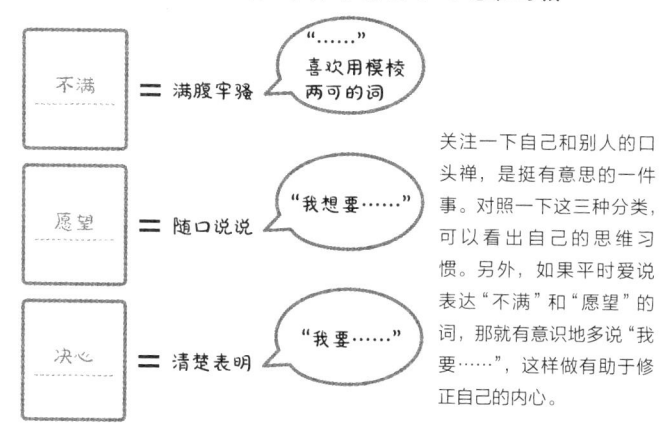

不满 = 满腹牢骚 "……" 喜欢用模棱两可的词

愿望 = 随口说说 "我想要……"

决心 = 清楚表明 "我要……"

关注一下自己和别人的口头禅，是挺有意思的一件事。对照一下这三种分类，可以看出自己的思维习惯。另外，如果平时爱说表达"不满"和"愿望"的词，那就有意识地多说"我要……"，这样做有助于修正自己的内心。

3. "不安"的三种分类，帮你找出恐惧的源头

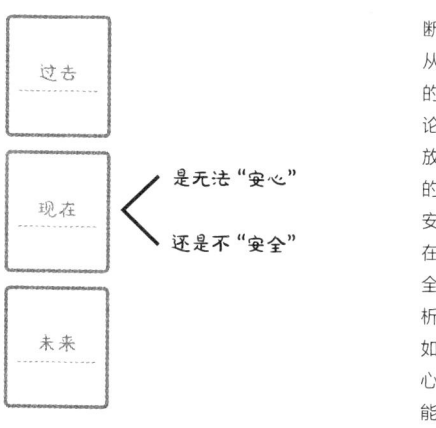

过去

现在 — 是无法"安心" / 还是不"安全"

未来

断舍离也是一种帮助大家从对过去的执着和对未来的不安中解脱出来的方法论。因此我们要有意识地放下对"过去"和"未来"的不安。至于"现在"的不安，是出于"不安心"的内在因素，还是出于"不安全"的外在因素，要仔细分析到底是哪种因素在作祟。如果根源还是在自己的内心，那这种不安，或许就能靠自己摆脱。

113

4. "金钱"的三种分类，帮你锁定烦恼

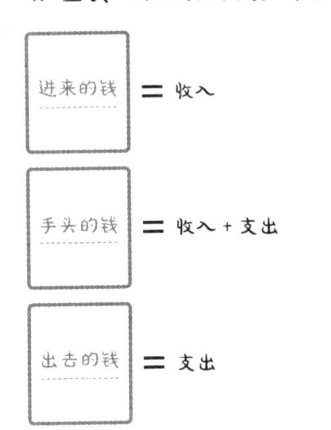

进来的钱	= 收入
手头的钱	= 收入 + 支出
出去的钱	= 支出

把钱分成三类的方式千差万别，但大前提都是这三个。许多人都在为"没钱"而烦恼，但其实不少人都没有搞清楚"自己究竟是为了钱的什么事而烦恼"。笼统地说就是，到底是因为"收入低"而烦恼，还是因为"花销大"而烦恼。这三种分类，可以帮助我们进行进一步的分析。

5. "成功"的三种分类

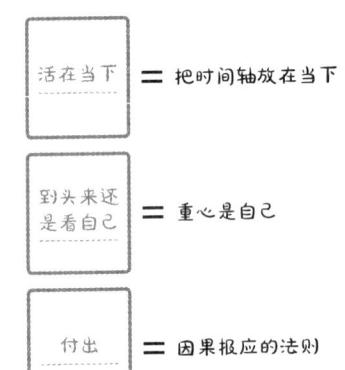

活在当下	= 把时间轴放在当下
到头来还是看自己	= 重心是自己
付出	= 因果报应的法则

市面上充斥着以"成功"为主题的商业书籍和自我启发类书籍。这些书的内容，一定都包含在这三个要点里。反过来说，只要能理解这三个要点就足够了。

掌握诀窍，干劲满满！

断舍离格言 2

其1 关注保鲜期、保质期，还有自己心中"残存的热情"

把期限作为"舍"的标准很有效果。如果是食物，就看保鲜期。如果是消耗品，就看保质期。除此之外的东西，就要看自己心中"残存的热情"有没有彻底冷却了。答案就在心里。

其2 绝不说"总之先""算了吧"和"不由得"

购物的动机模糊不清，才是导致物品堆积的最大原因。那样的东西，自己大概也不清楚什么时候用，用在什么地方，想要怎么用。如果身边都是自己精心挑选的物品，居住空间的"气场"也会更加清新明澈。

其3 记住，我们要打造的不是"物品的栖身之地"，而是"自己的栖身之地"

无论如何，自己都是"主"，物品只是"从"。拥有一个让物品、家和自己都能畅快"呼吸"的宽绰空间，是人类生活的基础。如果有人觉得被物品包围的生活更加惬意，那就有必要研究一下为什么会有那种感觉了。

第三章

重新整顿"看得见的世界"

"生命"篇

第一节 "场力"才是生命的支柱

从这里开始,我们将把目光重新对准断舍离的原点——居住空间。断舍离是一门实践哲学,它为什么会以物品和住处为基础呢?因为我认为,一切"生命"都会受到场力的影响。断舍离在有意识地激发"场力",正是这种力量,支撑着人类生存所需要的"三种生命"。

1 以"意识"为轴,运用"三分类法则",激发出"场力"

衣柜里,书桌上,钱包内,都存放着各种各样的物品。如果**让你打破壁垒,不考虑物品本身的类别,试着把所有的物品分成三类**,你会怎么分?

由于物品数量繁多,种类庞杂,或许很难马上给出答案。

经过一番深思熟虑之后,比较常见的分类方式有以下几种:

- 经常使用、偶尔使用、基本不用→按"使用频率"分为三类

- 重要、不重要、两种都不是→按"使用价值"分为三类

● 喜欢、讨厌、既不喜欢也不讨厌→按"情感"分为三类

从以上分类中，**我们首先可以看出，人们在进行分类时所依据的"前提"是各不相同的**。换句话说，思维习惯是因人而异的。就像本书 107 页所表述的那样，第一时间想到的分类方式，可以如实反映出那个人是站在什么视角来看待物品的。即便是看待同一件物品，视角也因人而异。当然，也就不存在哪种答案才是正确答案的说法。

还有一个关键点，那就是正是因为这些物品乍看之下毫无关联，种类繁多，所以人们才能**抛开物品本身进行分类**。因为人们很难从颜色、形状、用途等物理层面找到共同点。也就是说，**人们自然而然地从物品本身的概念中跳脱出来，将目光转向了肉眼看不见的使用频率、使用价值，以及情感上面**。最终超越了物质层面，找到了"俯瞰"的感觉。

可以说，断舍离就是借助物品，实现"从无意识到有

意识的转变"。无意识、不自觉地积攒物品会让我们忧心忡忡。而相对于使用频率、使用价值和情感，以意识为切入点进行分类，才是最关键的。以"意识"为轴，可以把物品分为以下三类：

• 不知不觉、模糊不清、积极主动→按"意识"分为三类

这种分类视角很重要，这一视角下的三分类，适用于所有的物、事、人。以这个视角去把握事物，可以培养出按照自己的意志去生活的态度。

坦率地说，断舍离这种训练方式，就是让大家练习精简物品，只留下能归到"积极主动"那一类里的物品。

我们的居住空间里，到处都是不知不觉间涌进来的废品，以及稀里糊涂买进来的东西。意识到这些物品的存在，并把它们清除出去，"场"的力量便会清晰地显露出来。

■按"意识"分成三类——以衣柜里、书桌上、钱包内的物品为例

不知不觉就在这里了

不知不觉

- 不记得自己还有这么件衣服
- 好几件一样的文具
- 已经没用的购物小票

莫名其妙就在这里了

模糊不清

- 别人送的衣服,舍不得扔
- 促销活动的传单,自己也不知道要不要去
- 只去过一次的店铺的积分卡

很清楚它为什么在这里

积极主动

- 喜欢的衣服
- 正在推进中的工作的相关文件
- 钱、信用卡

不知不觉、模糊不清、积极主动。
这三种分类,
是提高我们对物、事、人的认识的黄金利器。

2 "场力"是由"宽绰有余"的宇宙激发出来的

空间和空隙,都带有"宽绰有余"的意思,英文里叫"Space"。"宽绰有余",绝不是指"Empty(空无一物)"。**断舍离认为,"宽绰有余",是"间隔",是"呼吸",是"美"。**"Space"也有宇宙的意思,这样一想,还真是深奥无比。

断舍离所讲的收拾,既讲究"从与物品间的关系中获取力量",也讲究"从场中获取力量",二者相辅相成。而这两者恰恰都很重视"间隔",都致力于看透蕴藏在"间隔"中的奥妙。

有个具体的例子,可以让大家更加形象地认识蕴藏在

"间隔"中的力量，那便是间伐[1]。为了培育出能成为优质木材的树木，间伐（留出间隔）是一项必不可少的措施。

间伐能让阳光和营养分配得更加均匀，还能促进低矮植物的生长，以增强保水力。如果不留出间隔，整片森林的树木都会长得瘦骨嶙峋、弱不禁风的，变成"豆芽林"。因此，要想树木茁壮成长，适当的"间隔"必不可少。

每一棵树都有平等的生存权利，从树木本身的角度来说，是没必要进行砍伐的。然而，考虑到木材的质量和森林整体的生态，留出"间隔"则至关重要。不过，"弃置不顾型间伐（把被砍伐的树木放在原地不管不顾）"是不可取的，因为这样会导致土壤变质，低矮植物无法生长，从而破坏森林的生态。在断舍离中，我也反复强调"把垃圾

---

[1] 间伐是在未成熟的森林中，定期伐去部分林木，为保留的林木创造良好的环境条件，促进其生长发育。

和废品从自己的地盘中清理出去才叫真的断舍离",二者的道理是相通的。

曾经有朋友这样描述断舍离之后的感受:"断舍离之后,长吁短叹都变成了深呼吸!"宽绰有余,也会影响呼吸。居住空间堆满物品,总会让人感到压抑,自然呼吸不畅。然而,这里的"呼吸"不仅仅是身体的呼吸,也是**居住空间的"呼吸"**,是从空间的"气场"角度而言的"呼吸"。经过精挑细选的、自己钟爱的物品,散发出的都是令人舒适愉快的气息,空间里清风徐徐,阳光明媚,并且还能不断循环,保持新鲜。这样的"呼吸",才称得上是"宽绰有余,悠然从容"。

对"美"的感知是相通的

"宽绰有余"也是一种"美"。

"美"是一种根本性的概念。根本性的概念有很多，比如"正""真""善"，等等。国家不同、民族不同、文化不同、时代不同，价值观也不尽相同。然而，**大家对"美"的理解，基本上还是大同小异的**。这大概是因为，感知"美"，靠的不是思维，而是感觉。

我们来想想居住空间之美。我想，应该没有人会觉得像酒店房间一样收拾得简洁利落、有清风从窗户吹进、阳光从窗外洒进来的地方"脏乱不堪"吧？同样，也没有人会觉得堆满了既用不着、也不在乎的垃圾和废品，把窗户堵得严严实实，不通风也不透光的住处"美不胜收"吧？

当然，从审美取向来说，每个人对"美丑"的看法都会基于其掌握的知识和信息而带有一定的倾向性。然而这是后天形成的，并不是认识"美"的大前提。

对"美"的追求是与生俱来的，是人类共通的最原始、最基本的欲望。我相信**追求美是人类的本能**。断舍离提出的"七五一法则",就是给大家提供帮助,引导大家重新把握居住空间的本质,打造一个让人觉得悠然从容、富有美感的空间。大家可以在这个前提下,有意识地去培养各自的审美取向。

追求悠然从容之美,不仅仅是空间的问题。我们经常可以看到充斥街头巷尾的商品,颜色和形状都五花八门的,尤其是清洗剂一类的商品。在被用完之前的几个月里,它们会一直待在家里的厨房、盥洗室、浴室等地方。明明是放在家里的东西,厂家在进行外观设计时,看重的却不是"好用",而是"好卖"。所以市面上的清洗剂,才看起来一个个争奇斗艳的。商家最看重的是自己的商品是不是卖场中最醒目的那一款,我们也在不知不觉中被牵着鼻子走。

人们总是谈论噪声问题,**实际上,"噪色"也已经在很**

多人的家里蔓延开来。东西多,颜色杂,就意味着刺激和干扰也多。减少刺激,才能带来从容,进而接近人类最本质的需求——"美"。

自己主动追求刺激,和不知不觉间受到刺激,是截然不同的。希望大家能够清楚地认识到这一点。

> 首先把握住大前提,
> 从根本上把住处打造成"富有美感的空间"。
> 至于室内装饰的品位和审美,
> 则是之后的事情。

3 "场力"支撑着人类的三种生命

听到"生命",我们脑海中的第一反应大概都是动物意义上的"肉体生命"。然而细想来,人类似乎拥有三种生命,分别是"肉体生命""社会生命"和"精神生命"。

人类是不是只要拥有"肉体生命"就能生存下去? 果真如此的话,就不会有人因为被公司裁员而自杀了,也不会有人郁郁寡欢,忘记了感动为何物,最终走上自杀的道路了。对人类而言,社会生命与精神生命是与肉体生命同等重要的存在。少了其中任何一个,我们都活不下去。我们首先要把握住这个大前提。

断舍离,让三种生命更加完整

我们把"自身"比喻成一栋房屋(见136页)。房屋的我要活！

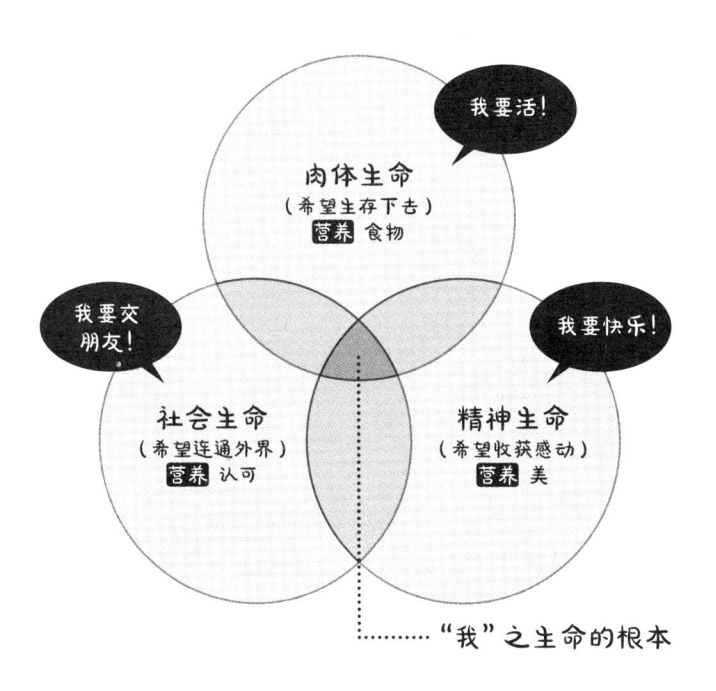

肉体生命
（希望生存下去）
营养 食物

我要交朋友！

我要快乐！

社会生命
（希望连通外界）
营养 认可

精神生命
（希望收获感动）
营养 美

………… "我"之生命的根本

一楼就相当于这三种生命。支撑起房屋的两根柱子分别是"饮食"和"运动",它们给"肉体生命"提供营养。这三种生命支撑着日常生活的正常运转,不可或缺。

而支撑着一楼的部分,则是我们肉眼看不到的地基,地基包含着空气、水、电等我们理所当然享用着的事物,以及我们对它们的感激之情。它们常年隐藏在我们身边,平时很难意识到它们的存在,也很难在日常生活中对它们怀有感激之情。断舍离中"断行"的实践,能够帮助我们意识到它们的存在。无论是空气还是水电,**许多人都是在经历过断绝后,才意识到了它们的可贵**。

连接地基和房屋的部分,就是"场力"。我认为,践行断舍离,可以激发出"场"的力量。就像前文中提到的,"宽绰有余"能够带来"场力"。物品代谢顺畅,空间生机勃勃。有了这样的居住空间,我们的三种生命才能焕发出光彩。**如果你感到你的某一种生命不够完整,那就放开手**

脚，有意识地去激发"场力"。这也是为什么说断舍离"不仅仅是收拾"的原因所在。

如果我们刻板地将断舍离理解成"收拾"，认为断舍离不过就是家务劳动而已，就会觉得激发"场力"是一件很麻烦的事情，完全不把它放在心上。断舍离是一种生活方式，或许也可以说是一种主义。可以从这个角度去理解：仅家务劳动中的收纳和打扫，便有无数种相关的资格证可以考取。然而，选择生活方式却不需要考什么资格证。

我们经常说："要把自己家打造成开运宝地！"其实收拾就相当于"驱邪"，扫、擦、刷就相当于"净化"。不依赖通灵师和占卜师，我们自己就能完成驱邪与净化。总是有人说"这里'场'不好""我家好像进了什么不好的东西"。大家可以先问问自己，"在寻找外部原因之前，自己有没有什么能做的事情"。轻松快乐地默默践行断舍离，不知不觉间，这种挥之不去的想法便会烟消云散。还有一种情况是，有些人在坚持践行断舍离的过程中，搬离了原来居住的地方。或许是因为，场力让自己得到了提升，自然而然便与和现在的自己相称的"场"结缘了。

从"理所当然"中发现价值

我们要尝试让关注点回归基础。

我们的物质生活越是丰富，就越容易把关注点转向二楼，也就是一些非日常所需的、不过是附加选项的事物上。

忽略最基本的饮食，总是吃垃圾食品，或者拼命吃各种保健品；平时总是懒洋洋地窝在家里，却支付高昂的入会费和每月会员费，然后象征性地去健身房；自己住的地方乱七八糟，却在各种开运宝地之间四处奔走。我们就这样忽略了一楼的存在。

现代人的生活看似丰富多彩，却好像陷入了一种自相矛盾的状态。

因此我们要学会对看似理所当然的事物心存感激。

践行断舍离,就是帮助我们重新抓住在物质丰富的时代里容易迷失的基础和根本,重新把握"我"之生命的构成要素,并心存感激。

> 恰恰在这样一个时代,
> 我们才需要重新回到自身存在的原点,
> 回归"生命的根本"。

■三种生命给这所名为"我"的房屋注入活力

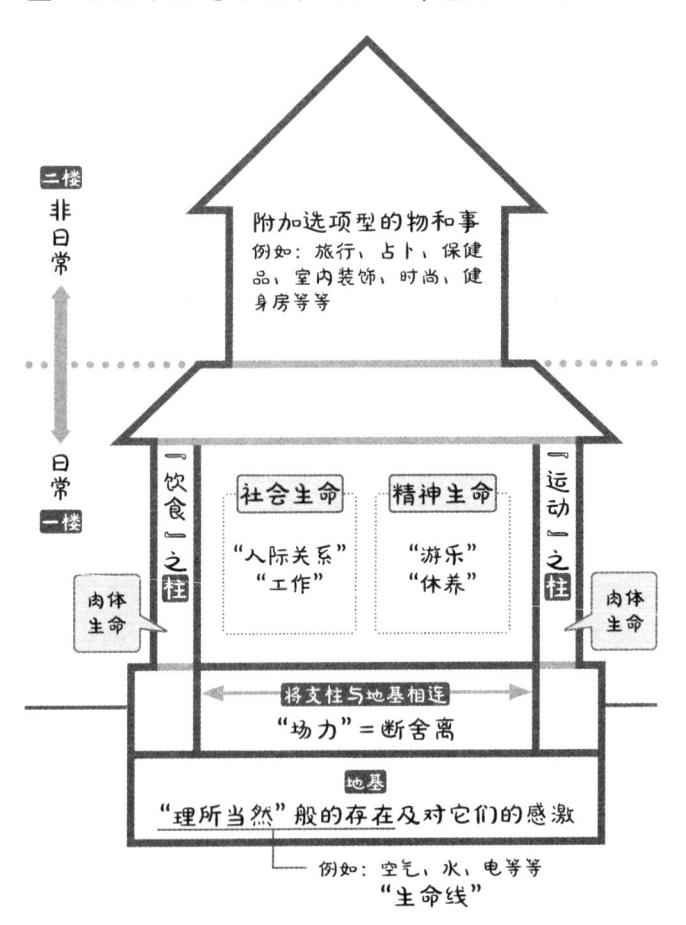

二楼 非日常

附加选项型的物和事
例如：旅行、占卜、保健品、室内装饰、时尚、健身房等等

日常 一楼

"饮食"之柱 | 社会生命 | 精神生命 | "运动"之柱
"人际关系" | "游乐"
"工作" | "休养"

肉体生命 ← → 肉体生命

将支柱与地基相连
"场力"＝断舍离

地基
"理所当然"般的存在及对它们的感激

例如：空气、水、电等等
"生命线"

第二节　将目光转向"做减法"，让生命焕发光彩

"断""舍""离"，这三个汉字，全部都有做减法的含义。这个词是东方的智慧，也表达出了文化的精髓。生活在现代的人，忘记了他们原本拥有的智慧，一直在持续不断地做着加法。现在，似乎是时候重新学习一下"崇尚不足"的精神和"用减法解决问题"的智慧了。

1 从瑜伽中学到的真理——"禁制"与"劝制"

人们大多认为瑜伽是一种身体运动。然而,瑜伽原本强调的是"身心合一(身心一体,饱满充实)"。从学生时代开始,我练习瑜伽已经三十余年了,在瑜伽的教诲中,有两个词让我印象深刻,那便是"禁制(Yama)"与"劝制(Niyama)"。

禁制——人不该做的事

劝制——人应该做的事

断舍离是一种做减法的方法论。在这里,我想着重谈谈"禁制",因为**人总是动不动就将关注点放在"劝制",也就是应该做的事情上**。放在物品上,就是理想化的再利用、资源回收都是其次,首要的是自己先努力不囤积物品、不购买多余的物品。做到了"禁制",就意味着**自己能够处理好自己的事情了,也就能够避免一边踩油门、一边踩刹车这种本末倒置的状态了**。

在"3·11"东日本大地震中,我也不止一次切身感受到了"禁制"的必要性。

- 出于善意去当志愿者,是否觉得力不从心?

当志愿者有一条必须要遵守的规矩,那就是自己的事情自己解决。住宿、饮食、洗澡、出行,在有能力自己安排好这些事情的前提下,才能去做志愿者。只凭一腔热血就跑去当志愿者,到头来却要向灾区的人们求助,不是反而加重了灾区的负担吗?

- 散布自己无法保证真实性的信息,会不会造成混乱?

有些信息乍看之下很有帮助,但没有经过深思熟虑,一知半解地就将信息散布出去，会不会造成混乱？我们是不是忘了，这是一个一传十、十传百，信息传播速度惊人的社会？

● 有没有大量囤积本该运往灾区的物资？

虽然除了灾区，其他地区的物资都十分充足，可我们有没有因为自己的不安而大量囤积物资，导致物资无法送到那些挣扎在生死线上的真正有困难的人手里呢？

在这种情况下，**由于我们是基于"善意"和"求生欲"来采取行动，因此便面临着一个难题，那就是很难看出"什么事不该做"**。但是，只要稍微放宽视野，上面那些情况，想必每个人都能想象得到。实践"禁制"，也能培养俯瞰力。

有没有一些事，乍看之下，
是人出于善意应该去做的事情，
可实际并非如此呢？

2 现代人更需要减法思维

从许多事例中可以明显看出,物品数量和物品拥有者的不安程度是成正比的。反过来,这也体现出了东西有富余,自己才安心的心理。可是,有了富余还嫌不够,还要更富余,富余到什么程度才是个头呢?

"3·11"东日本大地震后,许多人争相囤积物品。**囤积物品的原动力就是不安**。蜂拥进超市,把一大堆食品塞进购物车,收银台排起长队……**这种紧急状态下才能看到的场景,简直就是现代社会的缩影。**

尽管新闻报道中一直在说"灾区以外的地区物资供应充足",可人们仍旧感到不安,于是囤积了够吃三天的食物。有了这三天的食物,总该安心了吧?可下次又囤积了够吃五天的,甚至是够吃一周的食物,不安变本加厉,永无止境。

总把关注点放在不足和不安上，无论拥有多少物品，也不会觉得安心。

在践行断舍离的过程中，你一定能理解"储备"和"囤积"的区别。前者是对可以预想到的状况做出合理的危机管理，后者则是在事态发生后，为了消除不安而进行的无计划性购物。

反观灾区又是什么状况呢？人们精打细算地吃着面包、饼干等容易保存的食物，好不容易才一人分到一个热饭团的情景，让我印象深刻。人们拿到饭团后，满怀感激，吃得津津有味。

该如何看待那个饭团呢？是"才一个饭团"，还是"这可是独一无二、无可取代的饭团"？

比物品更重要的是什么？

曾有一条新闻说，一位八十岁的老奶奶和她十六岁的孙子，在地震发生后的第九天成功获救了。

虽然他们的房子受到了海啸的直接冲击，但当时祖孙俩所在的二楼却没有被海水淹没。厨房在二楼，冰箱倒了下来，刚好形成了一个免遭冲击的避难空间。靠着冰箱里的食物和水，祖孙二人得以续命。他们的生还，可以说是一个又一个的巧合交织而成的结果。

顺便说一句，我家的冰箱可谓空空如也。别说九天了，连两天都撑不了。听了我的话，婆婆说："要不我们也把冰箱塞满吧。"我十分理解她的心情，可谁也不知道地震发生时我们会不会在冰箱附近，会不会也像祖孙俩一样遇到那么多的巧合。被塞满食物的冰箱重重地压在下面的情况当然也有可能发生。

况且，一味把目光放在遇见意外时发生的奇迹上面，模糊了日常生活的焦点，到头来还容易把食物放到腐烂变质。

不仅仅是食物，听说还有本来打算断舍离掉的旧收音机在地震时派上了用场的情况。不过也有打开一直犹豫着是否要断舍离掉的旧收音机的开关，发现它已经坏了，完全没派上用场的情况。这两种情况都有可能发生。

我们总是一味相信过去的成功经验，又被过去的失败经验吓得束手束脚。可说到底，难道人在求生时，最需要的就只有物品吗？

能够随机应变的精神和体力，收集和判断有效信息的能力，也同样重要。所以我想，平日里只要储备自己能管得过来的、能满足生活需要的最低限度的物品，就足够了。

断舍离，是借助物品让精神变得越来越强大

积攒的物品的数量，和物品拥有者的不安是成正比

的。物品积得越多，不安就越强烈。相反，想必许多断舍离践行者也切身体会到了，**东西越少，反而越容易建立信心**（当然是在自己做出选择、决断，对物品进行精挑细选的前提下）。思维方式从"少了它就糟了"变成了"缺了它也没事"，最终，内心会变得越来越强大。断舍离，就是通过筛选、精简物品来完成这一训练。

"东西越多越幸福"，我想，人们会渐渐意识到，这句话不过是幻觉罢了。

> 记住储备和囤积的区别。
> 从"少了它就糟了"的思维方式向
> "缺了它也没事"的思维方式转变。

3 "和"的精髓在于"不足"的智慧

常言道:"吃饭要吃八分饱。"这句朴实直白的话里,蕴含着"以不足为贵"的智慧。换句话说,就是"知足"。

可以说,世界上恐怕没有比日本文化更擅长在有限的条件下,利用有限的物品随机应变的文化了。

比如说包袱皮。用一块正方形的布,可以包裹任何形状的物品。有了包袱皮,就用不着准备大大小小的纸袋了。

比如说和服。西服如果尺码不合适,就没法穿。但和服不一样,在腰部进行折叠,就能调节长短。一宽一窄两根腰带,可以对松紧进行微调,提高穿着的舒适度。在和服上,到处都体现了即使身材多少有些变化,衣服也能继续穿很长时间的智慧。

比如说日式住宅。根据需要，打开或关闭隔扇拉门，就能随机应变地调整房间用途，还能跨越日常与非日常的界线，起居室、卧室、客房、佛堂，怎么用都行，包容力极强。这与西式住宅中有床的房间就是卧室，有沙发的房间就是客厅式的思维是完全不同的。

虽说这些只是我们在谈论日本文化时列举的一小部分例子，但从这些例子中不难发现，其精髓就在于灵活性。

享受利用手头现有的物品发挥创意的乐趣，在不足中激发创造性。

然而我发现，不知从何时起，人们开始将这种自己发挥创意的乐趣拱手让人。

世界上恐怕没有任何一个国家像日本这样，生产了这么多细致入微、照顾到生活的方方面面的创意产品。明明可以利用手头的东西去想办法解决问题，现实却是商家的过度服务,剥夺了消费者本身的创造力。再者说,这些服务真的用心了吗?生产出的创意产品,会不会只是某些人一厢情愿地认为"没有它会不方便"的想法的具体表现呢?这些创意,来源于说不清道不明的不安,来源于缺乏自信。而在不知不觉中接受了这些创意的人,正是我们自己。

近来,"简单生活"在社会上形成了一股热潮。**简单,就是指"不随随便便地接纳物品"**。物品数量远远超过了自己能管理得过来的程度,这种**过剩带来的不健康、不健全、不自然**正笼罩着我们。我们首先要意识到这一点,然后想办法斩"断"物品流入的源头,也就是解决生产过剩的问题。如今,现代人正面临着这样的转折点。

当然,这不仅仅是物品层面的问题。

找回我们原本的风采，
需要的是在不足中发挥创意、
享受乐趣的智慧。

第三节　广阔的视野：从生命的视角，解析社会与环境

我们经受了"3·11"东日本大地震这一前所未有的灾难。我们目睹了大自然的无情、生命的可贵，以及神意领域无法抗衡的力量。断舍离本来就以生命机制为基础，所以我想从生命的视角出发，重新思考我们今后该如何活下去。

1 断舍离是一种生命机制

我认为,断舍离中的三个观点体现出了"生命机制"。

(1)**新陈代谢**。我们可以将断舍离的行为和状态比喻为"断"是减肥,"舍"是排毒,"离"是代谢。

(2)**找回感受性**。自己去分析、思考、感受,不假手他人。尤其是找回生命本身就拥有的感受"快与不快"的能力。

(3)**全面信赖**。相信(1)和(2)中提到的两种能力,是我们原本就具备的能力。相信只要锻炼这两种能力,自然而然就能激发出生命的活力。

我们身边有一个例子,能让我们更加形象地理解基于以上三点的生命机制，那便是婴儿。

婴儿的新陈代谢十分旺盛，因而他们的皮肤、头发和眼眸，都充满了纯真无邪的美丽，散发出生命的光辉。

另外，婴儿表达感情时全部的原动力，都来源于"快与不快"。大人常常很难判断出他们为什么生气，为什么哭泣，这恰恰是因为，婴儿能敏感地察觉到一些让他们觉得不舒服的事情。

虽然婴儿自己意识不到"全面信赖"是什么感觉，但我认为，他们呱呱坠地，降临到这个世界的状态，本身就是一种全面信赖与全面肯定，体现了一种超越理性的"信任"。或许正因如此，人们才都觉得婴儿可爱。

这三种生命机制，在年复一年的社会生活中，会渐渐发生退化。

人们开始在意他人的看法，学会察言观色，开始凭借从外部学到的知识对事物进行判断。在经历了直面不安与恐惧的事态后，三种生命机制的齿轮也渐渐开始旋转不畅。人就是这样。

其实，用身体来打比方，更容易理解

断舍离把物品堆积如山、空间一片混沌的状态比喻成便秘，即只进不出的状态。

还有一个比喻也很好理解，就是减肥。其实这并不算比喻，更准确地说，开始践行断舍离后，很多朋友发现"这种思维方式也可以用在减肥上"。

盘子里有吃不了的食物时，你会不会马上觉得"多浪费啊"，然后把它们硬塞进肚子里？ 可是实际上，胃也好，身体也好，生命也好，都觉得"已经够了"，已经满足了。把吃不了的食物勉强吃下去，胃就变成了垃圾箱。这种时候，我们该动用的不是理智，而是感觉，这样就能抱着"对不起，我吃饱了，谢谢款待"的心情，将吃不了的食物处理掉了。**把吃不了的食物硬塞进肚子里，依旧是在"浪费"。**

在物资匮乏、粮食短缺的国家，减肥是绝对成不了潮流的。像断舍离这样的收拾方法，以及各种减肥方法之所以能掀起热潮，本身就证明了物资和粮食的过剩。

市面上随处可见的减肥法（能让人瘦下来的方法），用知识和信息把我们围得水泄不通。所有的减肥法都把焦点放在了吃什么、怎么吃、如何运动上面，每火一种方法，我们便去跟风，反而会把自己搞得不知如何是好。

回到原点，让身体回归本真的状态，听一听身体自己怎么说，想吃什么就吃什么，想吃多少就吃多少，自然就能维持适合自己体质的刚刚好的身材（当然，当身体的感觉钝化时，想吃什么就吃什么，想吃多少就吃多少会导致发胖）。这样一来，自始至终，我们的**关注点都不再是食物，而是我们自己**。重要的是，摄入一定量的某种食物，会不会让自己的生命感到愉悦。如此，我们便不用特意去使用什么特别的方法了。说这种食物好,那种食物不好什么的,本身就是件挺奇怪的事情。

我们要做的,不是去搜寻瘦下来的方法,而是从如何才能让身体回到本真状态这一观点出发,寻找适合自己的方法。这样的话,一定能让自己的生命焕发出光彩。

这种生命机制是一条适用于物、事、人等一切事物的真理。无论是对待家里堆积如山的物品,还是对待食物、信息、人际关系,只要参照一下这条真理,就能找到我们应该回到的原点。

> **断舍离的原点,是忠实于生命本身。**
> 这样一来,
> 我们便能重新明白自己该回归什么立场。

2　物品要待在自己应该待的地方，才能散发出美丽

物品要物尽其用，才能物有所值。

物品应该出现在此时此刻需要它的地方。

物品要待在自己应该待的地方，才能散发出美丽。

这三句话，表达出了"断""舍""离"这三个字的本质。

我在上一本书的后记中也提到过这三句话。当时，我在电视上看到库尔德难民收到了来自日本的救援物资，一位少年身上穿着的短袖运动制服，上面还缝着写有捐赠人姓名的名牌，这一幕令我深受震动。

可谁又能想到，写完那篇后记还不到两年，2011年，日本也发生了好几十万人急需救援物资的状况。

一边是吃了上顿没下顿,被迫过着避难生活的灾区人民;一边是免遭劫难,却因为过度不安而大量囤积不必要的物资的灾区以外的人们。

一边是差点被家里堆积如山的无用之物压死的人;一边是家里只有精挑细选过的物品,所以地震时,家里没有物品倒落,自己也没受伤的人。

一边是不管曾经拥有的物品多还是少,都被海啸不由分说地夺去了家园和生命的人;一边是待在温暖的房间里,茫然地看着电视上那些让人不敢相信的画面,却无能为力的人。

这是发生在同一个国度中的极度的不平衡。

要先有家这个居住空间,才能践行断舍离。但这场灾难，无情地剥夺了断舍离的这一大前提。

看到这样的光景，有些人说，这是"强制性的断舍离状态"。然而，**断舍离中是不存在强制这种说法的。按自己的意志进行取舍和选择，才是真正的断舍离。**但我们无法抗衡的大自然的力量，将断舍离的自由和大前提全都剥夺得一干二净。

植物学家野泽重雄曾经说过："神明是高深莫测的自然机制的化身。"生死是一个超越了人类智慧的世界。无论人类多么努力地想要预知生死，都只能无可奈何地感受它的难以捉摸。可尽管如此，人们仍会责备自己，责备他人，陷入后悔中无法自拔。既然我们无法与高深莫测的自然机制的化身相抗衡，那么责备自己和责备他人，就都无济于事。

说到底，我们也只能渐渐意识到、渐渐领悟到这一高深莫测的自然机制的存在，然后继续生存下去。

与此同时，我们的生存，还要依赖高深莫测的自然机制。

所以，只要我们还活着，就必须活下去。

这是我从瑜伽中"生命即神（生命活动就是神）"的观点出发进行俯瞰后得出的结论。这恐怕是我们进行俯瞰的最高视野了。

还活着的我们能做些什么呢？在灾害发生的时候捐款、募捐，做志愿活动，节约用电……我们能做的不仅仅是这些，**还要去思考，在今后的每一天里，该如何更加珍爱我们的生命。**

我的老师三枝龙生大师曾送给因地震和核污染而终日惶惶不安的人们这样几句话，让我印象深刻。

相信未来。

不要怀疑自己的潜力。

借此机会,重新构建、强化人际关系。

借此机会,变得更加顽强。

——三枝龙生

在这场前所未有的灾难面前,我们不仅要重新审视自己的生活方式,也要重新审视人际关系。正因为是生死攸关的大事,才能凸显出人的本质。想必我们能够从中获得启发,找回对自己而言"需要、合适、舒服"的关系。

我们想传递的,是希望

地震发生后,许多朋友在我的博客里留了言。

当一些人忙着抢购物资的时候,也有不少人默默地重新开始了断舍离。这些人中,有的是因为地震把家里弄得一片狼藉，不得不重新收拾。有的则是目睹了地震后的光景，领悟到了"除了重要的物品之外，其他东西留着也没什么用"的道理。

不过也有一些人，看到许多灾区人民因为地震变得一无所有，开始对扔掉既不需要也用不着的物品这件事产生抵触。

然而，**我们想传递给灾区人民的，是"希望"**。我们想给他们的，不是带着后悔与内疚的物品，而是满载着对未来的期望的物品。

我们不应该怀着愧疚的心情进行支援，而是应该将此时此刻从生命的可贵中感受到的感恩与活力送往灾区，进行支援。至于要采用什么办法，就因人而异了。

除此之外，我认为地震还让我们重新认识到了一件事情，那就是为了珍惜每一天，过好每一天，应该让物品在合适的时候，以合适的数量，出现在合适的地方，这样它们才能散发出美丽，发挥出作用。

首先，个人要拥有这样的**着眼**点。

然后，先从住所等身边的环境**着手**，渐渐延伸到全社会，在整个大环境中"**着陆**"。如果真能做到这一点，就能从根本上改变物品的流向，乃至能量的流向。这就是我们为了不浪费地震带给我们的经验所能做的事情。

透过震灾，能够看清人类的本质。
坚定地生活，有意识地整顿日常。

3 对我们觉得理所当然存在的事物心存感激

我想向大家介绍一位值得尊敬的断舍离践行者。

她的名字叫关本一美。一美女士虽然身患弥漫浸润型胃癌，但在身体状况较好的时候，她仍然会努力践行断舍离。大约四年前，她被确诊为胃癌。两年前，她参加了断舍离研讨会，开始践行断舍离。

当初她被告知只剩下半年的生命，她接受了化疗，并数次接受了手术治疗。然而对于自己所经受的痛苦，她绝口不提，也丝毫没有表露出来。

> 我因癌而死
> 与癌共生
> 人既然被赋予了生命

就要承担各自的使命

坚持走完人生

完成自己的使命

——关本一美

2010年夏天,一美女士留下这段话后,便与世长辞了。大约在她去世前两周,她还坐着轮椅参加了在她的居住地石川县举办的研讨会。果敢地活着,淡定地死去,她的这种态度,可以说将断舍离的终极奥义体现得淋漓尽致。

一美女士虽身患重病,却一点都不像个病人,所以,那些身体健康,心灵却疲惫不堪的人只要一去探望一美女士,就都会不可思议地重新振作起来。直到临近去世,一美女士都神采奕奕,充满活力,就算告诉别人她是一位进展期胃癌患者,恐怕别人也一点都看不出来。

癌症给她的肠胃造成了很大的损伤，导致她无法正常进食和排泄。她甚至无法吞咽食物，排泄也只能靠插在鼻子里的管子进行，可谓困难重重。"把食物吃进嘴里，咽下去，然后再到厕所顺利排泄出来"，她连这些最简单的"理所当然"的行为都无法完成。因此，她总是反反复复地念叨，这些看似理所当然的事情有多么可贵。由于抱着这样的想法，听说她从医院回到家后，仔仔细细地把卫生间打扫了一番。

一美女士好像并不抗拒死亡。她曾说过："人总有一天要死的。"她也曾说过："不过既然现在还活着，就要快快乐乐地活。"正因为抱着这种心态，所以她并没有放松日常生活中的收拾和保养。

一美女士的做法，体现出了断舍离的根本是立足于"当下、此处、自己"，感恩"生命"。**她并没有将目光放在自己受到的损失上面，而是关注自己能做些什么。**

我的瑜伽老师曾经这样定义过"超能力"。

所谓"超能力",既不是能空中漫步,也不是有过什么神秘体验,而是**能够不把"理所当然"当成"理所当然",心怀感激**。

"超能力"其实极其简单,并且近在咫尺。可正因如此,才难上加难。

断舍离是一种生命机制。其最终目的,就是学会接受死亡。可以确定的是,一个我们无法掌控、超越人类智慧的世界,与我们每天所经历的理所当然的日常,其实只有一墙之隔。

当然,接受死亡不是件容易的事。我也没有自信能够做到。但我不想从一开始就放弃,我想拥有接受死亡的勇气。在经历过亲近之人去世,以及这次震灾之后,我的这种心情变得愈发强烈。**因为只有做好接受死亡的心理准备，认清"死亡"总有一天会来临的事实，才能更加珍惜活着的"当下"。**

只要能用俯瞰的视角，认识到"自己现在还活着"，自然会涌起一股难以言喻的感激之情。希望我们拿出态度、付出行动，去培养自己的俯瞰力。无论何时，都坚持做一名断舍离践行者，至死不渝。

后　记

受"3·11"东日本大地震的影响，首都圈一带开始大力倡导节约用电。

原本灯光璀璨的商业设施，灯火通明的公共设施，如今都黯淡了下来。大都市东京给人的印象，与地震之前截然不同。以前，即使在黑夜，这座城市也理所当然般地灿如白昼。而曾经商品供应充足的便利店，如今也出现了缺货的情况。

限电，缺货。面对许久不曾经历过的状况，我们的态度和行动正在经受着考验。可与此同时，这种情况似乎也让我们领悟到了许多道理。

在我们之前所处的环境中，物质丰富是理所当然的事情。面对突如其来的限制与短缺,一开始,我们会感到迷茫、不安,还有一些人匆忙开始过量囤积物品。然而另一方面,似乎也有一些人经过反思后开始意识到,或许一直以来,所有物品都供应过量了。

人,越是拥有越要索求。可没有时,也未必不能适应。

说到底就是,一直以来,我们身边都充斥着大量的物品、过度的服务、过量的信息,而我们也从未追问过这些东西是否真的必要,只会一味稀里糊涂地照单全收。

注意到了这一点,我们或许就无须依靠忍耐,而是可以依靠"富有创造性的耐心",轻松克服眼前的困难。

灾区物资严重缺乏,引发了不健康与不健全。相反,名为"过剩"的灾害,也会引发不健康与不健全。想一想众多灾民正在被迫经历着令人揪心的困难,再想一想自己竟然在用泛滥的物品和信息伤害自己,真是既无谓又荒谬。

这种无谓,来源于尽管过剩的问题一直存在,我们却并没有意识到。不仅如此,我们还认为,目前所拥有的种种事物都是理所当然的。

只有经历过"断"绝,我们才能体会到事物的可贵。

水、电等生命线理所当然地得到保障。拧开水龙头,水就会流出来。打开开关,灯就会亮起来。每一天,我们都理所当然地享受着这种生活。当这种日常骤然发生改变时,我们才能体会到它是多么可贵,才能体会到拥有这种生活其实并不容易。

到那时,我们才能涌起感激之情。

经历断绝，承受失去，面临危机。

让整个大地都在颤抖的地震，如猛兽一般的海啸，以及随之而来的核泄漏。

伤亡惨重，灾难重重。在这样的现实面前，我们不得不抓住这个机会，强迫自己去认真反思。

有些人一味关注缺少什么，不满越来越深。而有些人虽然身处各种资源都不充足的环境之中，却把关注点放在了目前拥有的事物上，表达着感激。

有些人虽然待在安全的地方，却总是担心尚未发生的灾害与危险，惶惶不安。而有些人虽然待在安全得不到保障的地方，却仍在主动帮助他人。

归根结底，断舍离是一种可以帮助我们重新审视自己与物品之间的关系的工具。它能让我们察觉到自身的思维习惯，甚至是对待生活的态度。

察觉到自己的思维习惯与生活态度后，是保持不变，还是加以修正，抑或弃旧图新，则是自己的自由，全看自己。

世上的人大致可以分为两种，一种人所持的基本观念是"死心认命"，另一种人所持的基本观念则是"全面肯定、全面信赖"。"死心认命"的前提是这类人认为人的欲望是无止境的，所以采取了一种既实用又带有自虐性质的思维模式，其关注点在于如何妥善应对无休无止的欲望。这种态度一定程度上否定了人类自身的可能性。虽然从不会感情用事的角度来看，这种思维模式与"俯瞰"有相似之处，然而，我们从中却看不见任何希望。

断舍离则以全面肯定、全面信赖为基础。它相信人类自身的可能性。但这并不是依据天花乱坠的说辞，而是通过大量的实践进行检验与证明后得出的结论。毕竟不计其数的人都依靠自身的力量，处理掉了自己当初认为不可能清除得掉的物品，以及物品所代表的执念与不安。也就是说，断舍离是充满希望的。

一直以来，我们任由自己的欲望滋生发展，如今，过剩所带来的不健康和不健全已经达到了顶峰。而此时学会接受不足，也是出于人类最根本的需求——"想要更好地生存"。或许是因为我们中的许多人已经在内心隐隐约约地感受到了这一点，所以即使没有地震和核泄漏这类重大事件发生，断舍离也很容易被大家接受了。

"技术改革、政策改革、意识改革"，想要完成复兴与复建，乃至改革社会构造，这三个要素是不可或缺的。

断舍离所能做的，是个人层面的"意识改革"。它能从侧面提供帮助与支持，让人们欣然从追求"所得"的竞争转向学会"放手"的共存。

而且，我再一次体会到，正因为处在这样一个时代，我们才要培养俯瞰力，把"成为既有决心又有勇气，还能付诸行动的乐观主义者"作为目标。因为我们无时无刻不处在高深莫测的自然机制当中，而名为死亡的现实，其实就在我们身边。

或许可以说，俯瞰是一种终极冥想。

2011 年 4 月

山下英子